高等教育应用型特色“十三五”规划教材

Photoshop CC 图像设计项目教程

实践篇

刘於勋　袁雪霞　王水萍　主编

PHOTOSHOP CC
TUXIANG SHEJI
XIANGMU
JIAOCHENG
SHIJIANPIAN

郑州大学出版社
郑州

图书在版编目(CIP)数据

Photoshop CC 图像设计项目教程·实践篇/刘於勋,袁雪霞,王水萍主编.—郑州:郑州大学出版社,2017.8
ISBN 978-7-5645-4289-4

Ⅰ.①P… Ⅱ.①刘…②袁…③王… Ⅲ.①图象处理软件-教材 Ⅳ.①TP391.413

中国版本图书馆 CIP 数据核字（2017）第 104749 号

郑州大学出版社出版发行
郑州市大学路 40 号　　邮政编码:450052
出版人:张功员　　发行电话:0371-66966070
全国新华书店经销
郑州龙洋印务有限公司印制
开本:787 mm×1 092 mm　1/16
总印张:29.5
总字数:701 千字
版次:2017 年 8 月第 1 版　　印次:2017 年 8 月第 1 次印刷

书号:ISBN 978-7-5645-4289-4　　总定价:86.00 元(共两册)

作者名单

主　编　刘於勋　袁雪霞　王水萍

副主编　钱素娟　马孝贺　越　琳

编　委　（按姓氏笔画排序）

王艳珍　尹新富　刘远超

刘海姣　陈得友　张　帆

范会芳

前言

《Photoshop CC 图像设计项目教程》,是一本讲解 Photoshop CC 平面特效设计的教程,此书凝聚了编者多年的不懈努力与心血。本书分为理论篇和实践篇,其中理论篇包含 12 个项目,实践篇包含 6 个项目。在项目设计、内容安排方面能够与时俱进,紧贴企业岗位的需求,全面展示 Photoshop CC 在图像处理、平面广告设计、海报设计、产品造型设计、网站设计、网页设计、UI 界面与图标设计、影楼照片处理、室内外效果图设计、广告海报制作、3D 动画制作等方面的卓越成就。

《Photoshop CC 图像设计项目教程 · 实践篇》采用项目教学法,通过综合实训对 Photoshop CC 知识进行系统提升。每个实训项目相互独立,整体又系统关联,对 Photoshop CC 知识进行系统应用提升。综合实训是在完成基础理论知识后,通过大型综合性案例由浅入深对 Photoshop CC 操作技术进行巩固提升。全书共 6 个实训项目,主要包括网页设计、UI 界面与图标设计、影楼照片处理、室内外效果图设计、广告海报制作、3D 动画制作等方面。

本书的特点是通过实训案例,着重于对学生实际应用能力的培养,将职业场景引入课堂教学,让学生提前进入工作角色,重在拓展学生对软件的综合应用能力。综合设计实训部分可以帮助学生快速掌握商业图形图像的设计理念和设计元素,顺利达到行业水平,为就业奠定坚实基础。

本书可作为本科学校、高职高专以及中等职业学校相关专业的教材,也可作为广大 Photoshop 爱好者、高校教师、平面设计和网页设计人员、多媒体从业人员的自学教程及参考书。

本书由刘於勋(河南工业大学)、袁雪霞(郑州财经学院)、王水萍(郑州财经学院)主编,参编老师有郑州财经学院钱素娟、马孝贺、越琳、刘海姣、赵书田、刘远超、王艳珍、尹新富、陈得友;还有河南省理工学校范会芳等。在本书的编写过程中,得到了其他学校同行教师的关心和支持,并提出了许多宝贵的建议,对提高本书的质量起到重要的指导作用,在此一并表示感谢。

由于作者水平所限,书中难免存在疏漏和不足之处,欢迎读者朋友指正。

编　者

2017 年 7 月

目录

实训一
网页设计

Photoshop 功能之强大，应用领域之广达到泛让人想象不到的地步，在理论章节已经感受了很多的图像处理与制作功能，本实践项目主要讲解如何用 PS 制作网页界面、如何用切片切割界面、二级、三级界面的设置、动态效果的添加……

项目导读

以儿童摄影网站为例，详细为大家解密运用 Photoshop 软件（以下简称 PS）设计和制作网页效果图的全过程。在制作过程中，要综合运用 PS 的一些基本知识和技巧，要求读者在学好理论的基础上再做实战项目。

本过程所用的图片素材和文字素材一大部分来自作者拍摄，一小部分图片和文字来自互联网，鉴于本项目是教学目的，就不再加以特别声明。再有一点需要读者注意的是：由于笔者使用的操作系统与 PS CC 软件不很兼容，有些功能无法实现，有些界面是借助 PS CS3 配合完成的，因而个别截图与描述不完全吻合，但不影响整体制作过程和制作效果。

学习目标

★掌握网页界面的制作，包括界面的尺寸、色彩搭配、元素的布局等。

★掌握切片工具的应用，切片工具可以将界面进行切割，然后保存为 HTML 格式，可直接在 Dreamweaver 中，打开运用表格、超链接、框架和层等工具制作美观大方、布局合理、用户界面友好、实用性强的静态网页。

任务 1 网页主页界面设计

设计的网页效果图如图 1-1-1 所示。从效果图上分析，按功能上划分七个版块：顶部的版块制作、网页“大图展示”版块、热门活动版块、业务范围版块、公司作品版块、联系我们版块和底部版块。下面详细介绍儿童摄影网页的制作过程。

图 1-1-1　儿童摄影网页效果图

一　页面的总体规划

一般的网页,不会超过显示器的宽度的大小,对于传统的 1024 像素(px)宽度的显示器而言,网页的宽度在 960 像素附近比较合理。随着显示器的尺寸的变化,越来越多的电脑显示器的分辨率已经基本达到了 1280 以上,960 像素的网页有点偏小。网页过宽导致的结果是,显示器无法显示全部的网页宽度,用户在浏览网页的时候,需要拖拽浏览器下方的水平滚动条;这给用户浏览网页带来了很大的不便。所以通常情况下,在设计网页大小的时候,一般不要在宽度上超出显示器的显示宽度,至于网页的高度,用户可以很方便地通过滑动鼠标来上下翻动网页;因此,网页的长度具有很大的灵活性,没有通用的标准。

本项目网页的尺寸为 1006 * 1290 像素，比较适合于显示和浏览；读者可以根据自身网页的功能和内容灵活加以规划，笔者不再特别加以说明。

二 页面的制作过程

本小节将详细说明网页的七个版块的制作过程：

（一）网页“顶部”版块的制作

1. 打开 PS 软件；新建一个 PS 源文件，设置大小为 1006 * 1290 像素，分辨率为 72，背景为白色，如图 1-1-2 所示。

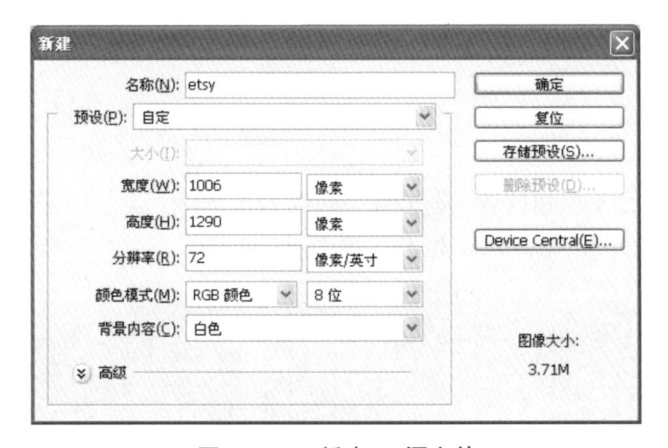

图 1-1-2 新建 PS 源文件

2. 在 PS 软件的图层面板上，新建“顶部”组和四个分组，设置好各组的位置关系和组的名称，如图 1-1-3 所示。（提示：读者在 PS 软件的操作过程中，一定要养成良好的操作习惯；新建的图层和组、路径等，一定要及时写好名称，方便识别和管理。）

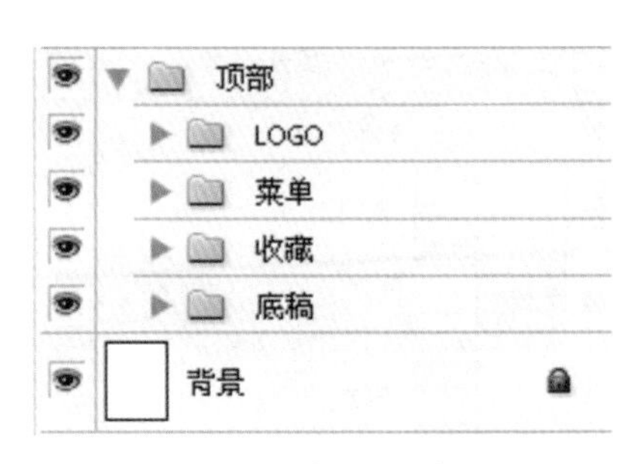

图 1-1-3 顶部区域的图层组

3. 在分组“底稿”里面新建图层，然后创建一个 1006 * 160 像素的选区，设置前景色为#adf776，背景色为#96d204，用渐变工具，绘制彩条，如图 1-1-4 所示，将其放置在网页的顶端。

图 1-1-4　绘制顶部的彩条

4. 在彩条图层上新建 2 个图层，分别导入素材，如图 1-1-5 所示。

图 1-1-5　导入素材

5. 调节好素材的大小和位置，设置图层的混合模式为“颜色加深”；运用橡皮擦工具擦除多余的部分，效果如图 1-1-6 和 1-1-7 所示。

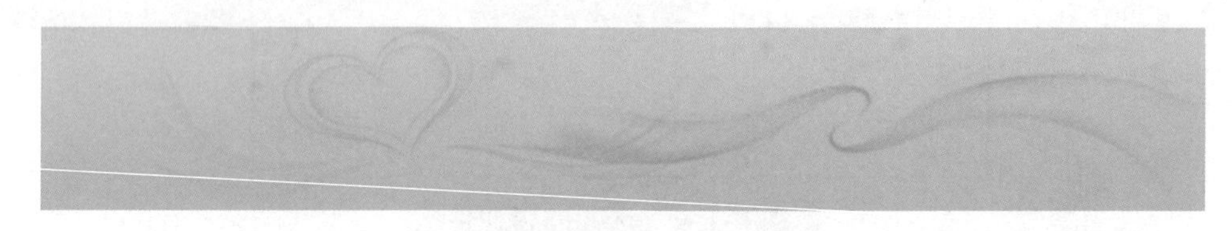

图 1-1-6　混合素材以后的彩条

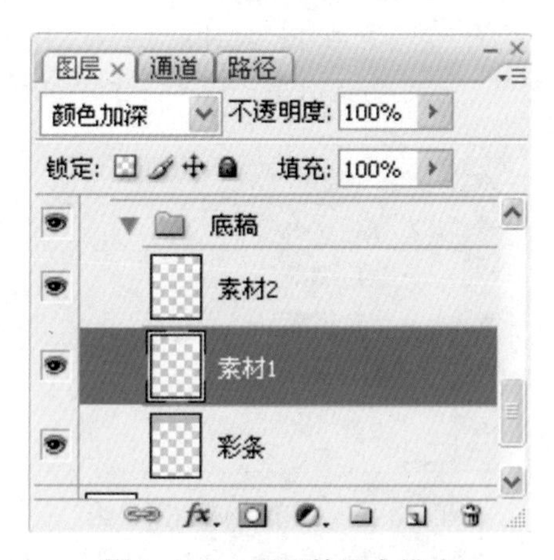

图 1-1-7　图层的混合模式

6. 在分组“收藏”里面新建图层，绘制形状，颜色为#d2c802，设置好大小和位置；给形状图层添加投影效果。用文字工具，输入文字“加为收藏 ｜ 设为首页”，楷体，14 号字体，

颜色为#872f07;效果如图 1-1-8 所示。

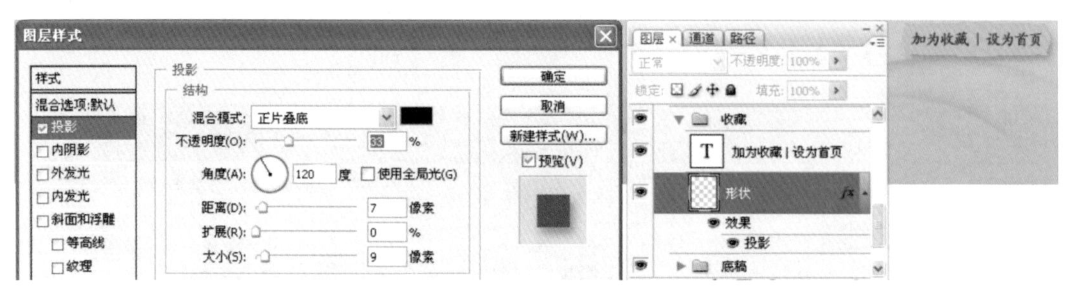

图 1-1-8 “加为收藏 | 设为首页”的字体效果

7. 在分组“LOGO”里面新建图层,输入文字“纯真儿童摄影”,行楷、18 号字体,白色,添加描边(1 个像素的黑色、外部)。输入文字“快乐宝贝儿”,华文彩云,30 号字体,运用文字变形工具,加以适当变形。载入“快乐宝贝儿”的选区,新建图层,添加彩虹渐变;效果如图 1-1-9 所示。

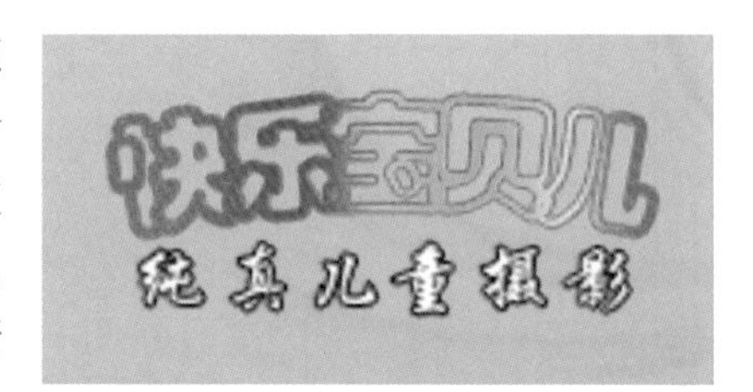

图 1-1-9 LOGO 中的文字效果

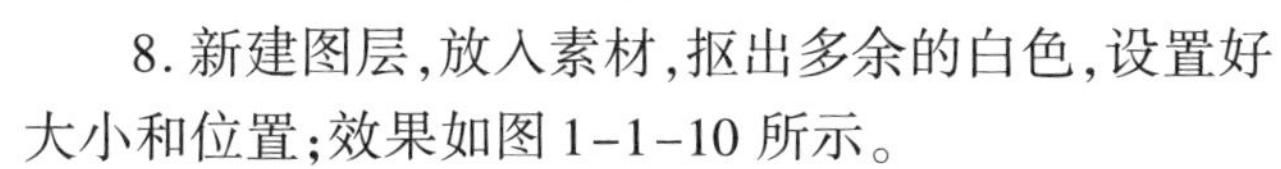

8. 新建图层,放入素材,抠出多余的白色,设置好大小和位置;效果如图 1-1-10 所示。

图 1-1-10 素材和设置好的 LOGO 效果

9. 在分组“菜单”里面输入文字“网站首页”“主题活动”“作品展示”“在线预约”“关于我们”，幼圆，14 号字体，颜色#872f07；加入简单的投影效果。用 PS 的图层对齐和分布功能，对齐和摆放好 5 个文字图层；效果如图 1-1-11 所示。

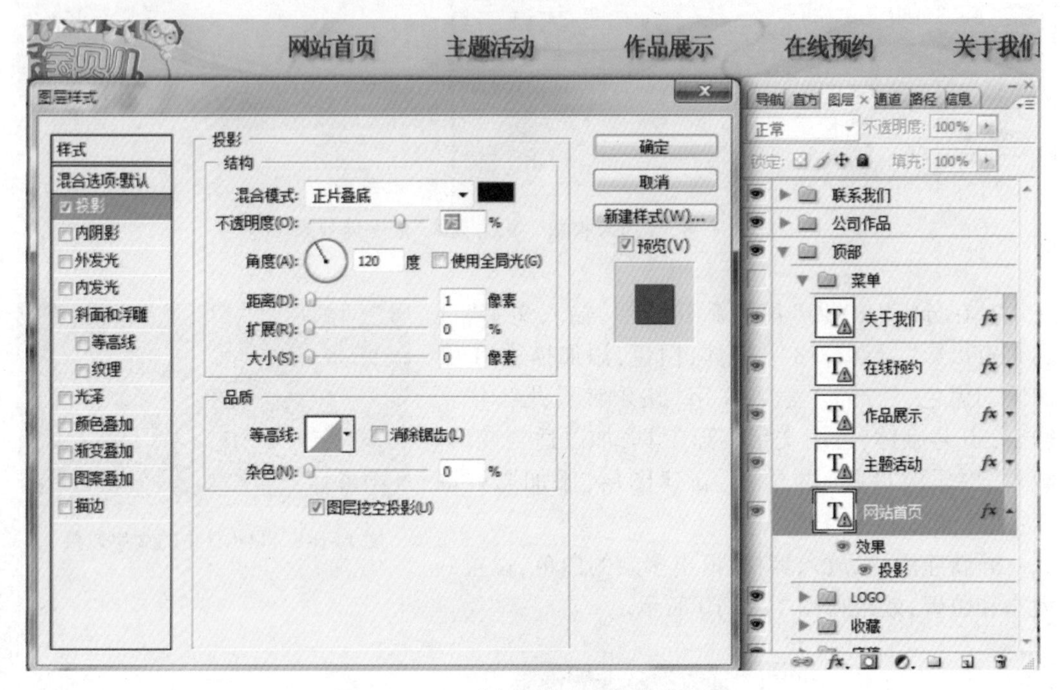

图 1-1-11 对齐和分布好的菜单效果

10. 至此，网页的顶部版块已经制作完成，效果如图 1-1-12 所示。

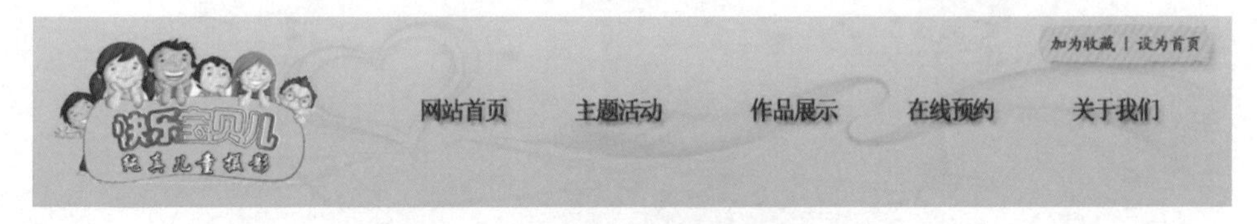

图 1-1-12 制作好的网页顶部

（二）网页“大图展示”版块的制作

1. 在“顶部”组的下面新建“大图展示”组，并在组中再新建“底板”和“图片”分组，调整好各组的位置关系。

2. 在分组“底板”里面新建图层，绘制路径如图 1-1-13 所示。

图 1-1-13　绘制“大图展示”区的基本路径

3. 将路径转换成选区，任意填充一个颜色。然后再新建一个图层，导入素材，适当模糊一点；载入路径的选区后，为素材添加图层蒙版，隐藏多余的部分，素材和效果如图 1-1-14 和图 1-1-15 所示。

图 1-1-14　素材图片

图 1-1-15　加入图层蒙版以后的显示效果

4. 导入木板素材如图 1-1-16，使用“Ctrl+T”组合键命令调节大小和位置，再用右键的“变形命令”进行适当的扭曲变形。最后，利用刚才的区域图层，裁剪掉多余的部分，效果如图 1-1-17 所示。

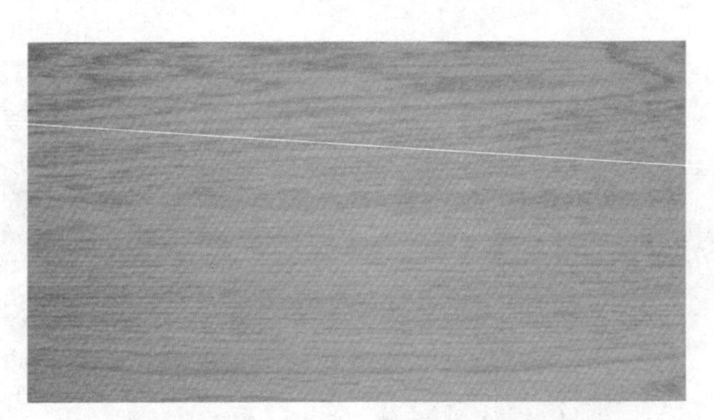

图 1-1-16　木板素材

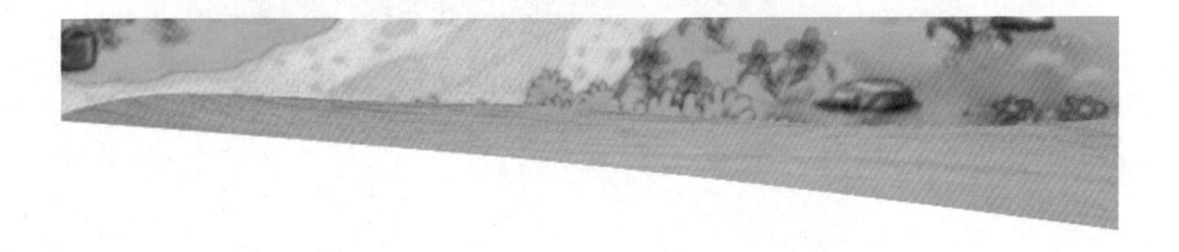

图 1-1-17　变形和裁剪之后的效果

5. 新建图层，绘制路径，如图 1-1-18 所示。

图 1-1-18　绘制一个路径

6. 新建图层，载入路径选区，为其分别描边几个像素的绿色和白色，调整好大小和位置，如图 1-1-19 所示。

图 1-1-19　载入选区的描边效果

7. 打开素材图片如图 1-1-20 所示，“Ctrl+A”全选图片，“Ctrl+C”复制；然后回到我们的网页源文件，新建图层，执行“编辑 → 贴入”命令，再用“Ctrl+T”调整好位置和大小，适当地调整一下素材的色相和饱和度，效果如图 1-1-21 所示。

图 1-1-20　导入的素材图片

图 1-1-21　调整位置、大小、色相饱和度的效果

8. 导入素材图片,如图 1-1-22 所示。抠除多余的部分,调整好大小位置和图片色彩,放置在合适的位置,效果如图 1-1-23 所示。

图 1-1-22　导入的素材

图 1-1-23　抠图以后的效果

9. 继续导入素材图片，如图 1-1-24 所示。抠除多余的部分，调整好大小位置和图片色彩，放置在合适的位置。最终，网页的“大图展示”组的效果制作完成，效果如图 1-1-25 所示。

图 1-1-24　导入的图片素材

图 1-1-25 “大图展示”组的完成效果

（三）网页“热门活动”版块的制作

1. 在“大图展示”组的下面新建“热门活动”组。新建图层，导入素材如图 1-1-26 所示；进行水平翻转，调整位置和大小，简单调整一下素材的色彩，效果如图 1-1-27 所示。

图 1-1-26 素材图片

图 1-1-27 调整以后的效果

2. 新建图层,绘制一个形状,颜色为# 048e28,调整其大小和位置,效果如图 1-1-28 所示。

图 1-1-28　绘制形状

3. 在形状图层的上面,输入文字“热门活动!”,华文新魏,25 号字体,颜色为# fb0b27;加入简单的投影效果,相关参数如图 1-1-29 所示;得到的文字效果如图 1-1-30 所示。

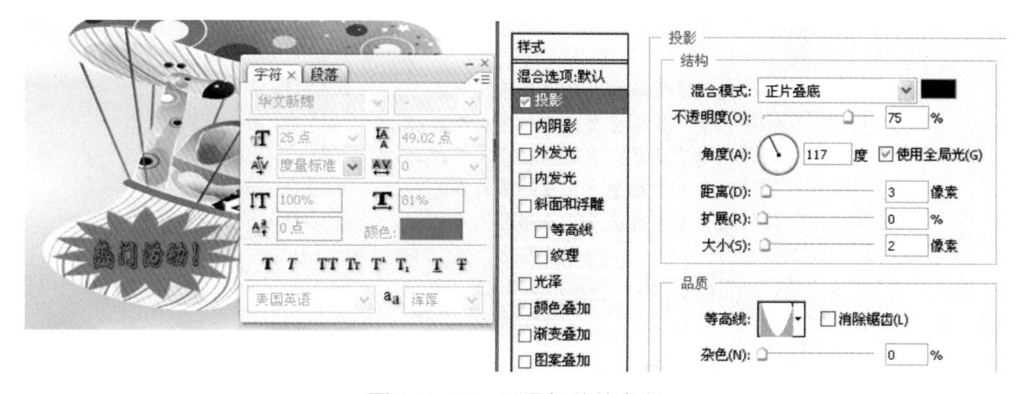

图 1-1-29　设置相关的参数

图 1-1-30　文字的最终效果

4. 新建图层,导入素材图片如图 1-1-31 所示;抠除多余的部分;调整大小和位置后的效果如图 1-1-32 所示。

图 1-1-31　素材图片

图 1-1-32　调整以后的效果

5. 新建一个分组“文字”，先输入一行文字“2015 儿童节幸福宝贝儿活动盛大开启……2015-05-16”，华文新魏，16 号字体，黑色；然后将文字图层复制 4 份，摆放好位置，最终效果如图 1-1-33 所示。

图 1-1-33　输入文字的效果

6. 此时，本“热门活动”部分已经制作完成，最终的效果如图 1-1-34 所示。

图 1-1-34　“热门活动”版块的完成效果

（四）网页“业务范围”版块的制作

1. 在“热门活动”组的上面新建“业务范围”组。新建图层，创建一个 752 * 296 像素的选区，选取“热门活动”最左下角的颜色值# a9db93，填充选区。摆放好位置，使得两个版块的颜色很贴近。

2. 新建图层，导入素材如图 1-1-35 所示；去除多余的部分，调整好位置和大小，设置其不透明度为 28% 左右，得到混合以后的效果如图 1-1-36 所示。

图 1-1-35　导入的素材图片

图 1-1-36　图层混合以后的效果

3. 新建图层，导入素材如图 1-1-37 所示；去除多余的部分，调整好大小和位置，设置图层的混合模式为“柔光”，调整以后的效果如图 1-1-38 所示。

图 1-1-37 导入的素材图片

图 1-1-38 图层混合以后的效果

4. 输入文字“业务范围:”,华文新魏,24 号字体,颜色# e2f1f4,为其添加投影和描边的图层样式,如图 1-1-39 所示。

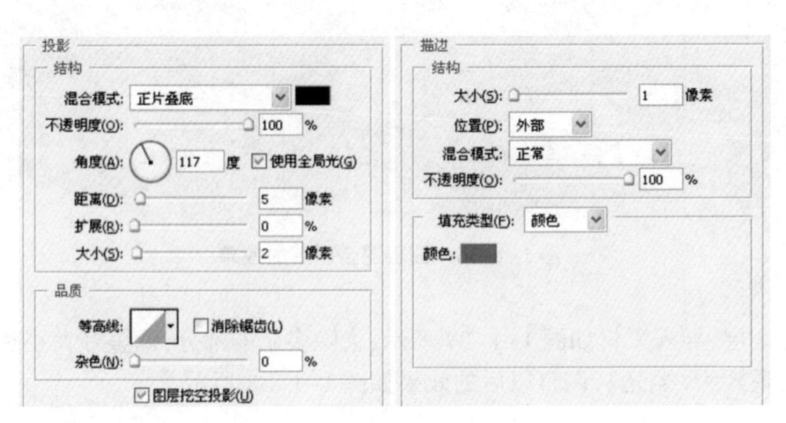

图 1-1-39 为文字添加图层样式

5. 输入一段文字，华文新魏，14 号字体（读者也可以自行设置字体的格式）；摆放好位置以后，“业务范围”模块就完成了；最终效果如图 1-1-40 所示。

图 1-1-40 “业务范围”模块的完成效果

（五）网页“公司作品”版块的制作

1. 在“顶部”组的上面新建“公司作品”组。再新建一个“背景”分组；新建图层，新建一个 255＊997 像素的选区，填充颜色# 188506；摆放在网页的左边。

2. 导入素材图片如图 1-1-41 所示；调整好大小和位置，设置图层的混合模式为“柔光”；再将其复制一份，变换其位置；摆放后的结果如图 1-1-42 所示。

图 1-1-41 导入的素材图片

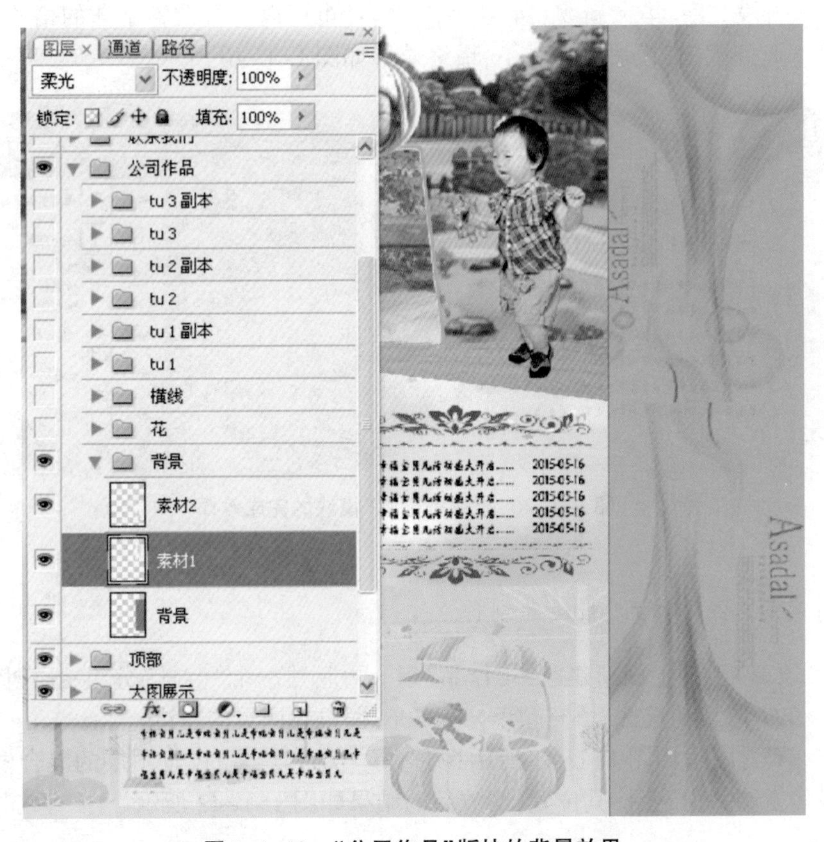

图 1-1-42　“公司作品”版块的背景效果

3. 新建“花”分组，导入素材如图 1-1-43 所示，去除多余的部分，设置好大小和位置。

图 1-1-43　导入的素材图片

4. 输入文字“公司作品”，幼圆，14 号字体，加粗，颜色# 872f07。为其添加简单的投影效果如图 1-1-44 所示。

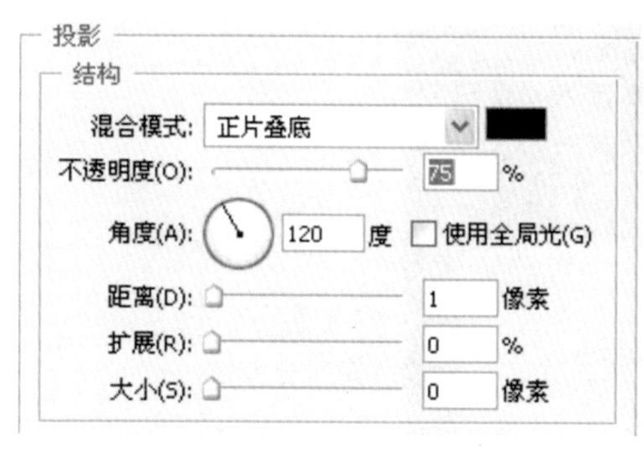

图 1-1-44　完成后的文字效果

5. 新建“横线”分组,新建图层,绘制一个 233 * 2 像素的选区,填充颜色# 188506;然后将横线复制 3 份,摆放在合适的位置;如图 1-1-45 所示。这四条横线所划分的区域,分别用来放置后续的其他内容,这在后续结果中可以看出,不再赘述。

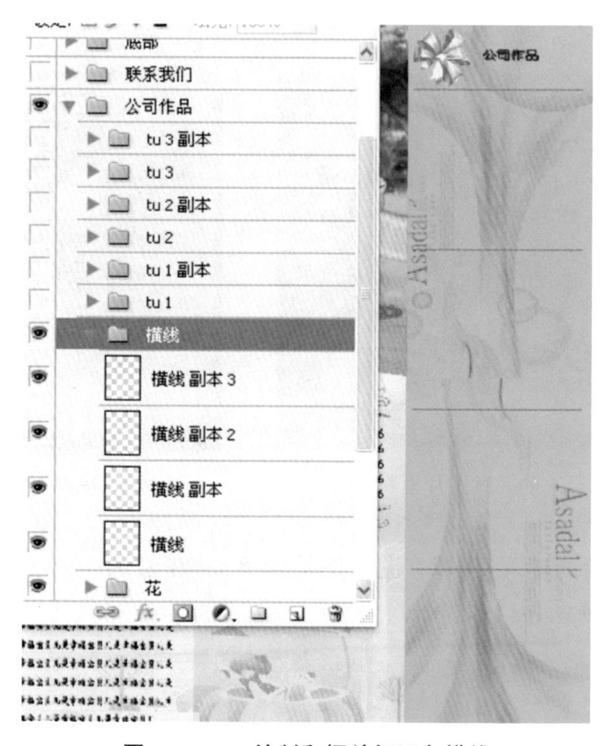

图 1-1-45　绘制和摆放好四条横线

6. 新建一个“儿童 1”分组,新建图层,绘制一个圆角矩形,填充色为# c5f3d1;调整好大小和摆放位置,如图 1-1-46 所示。

图 1-1-46　绘制圆角矩形

7. 导入儿童图片素材，如图 1-1-47 所示；调整好大小和位置效果如图 1-1-48 所示。

图 1-1-47　导入的儿童图片素材

图 1-1-48　调整以后的效果

8. 绘制一个绿色的矩形，放置在儿童图片的下面，在绘制一个红色的心形图形，摆放好位置，如图 1-1-49 所示。

图 1-1-49　绘制绿条和红心

9. 输入文字“抓拍瞬间”，华文行楷，12 号字体，斜体；颜色# c5f3d1；如图 1-1-50 所示。

图 1-1-50　设置字体格式

10. 分组“儿童 1”完成以后的效果如图 1-1-51 所示。

图 1-1-51　分组“儿童 1”完成以后的效果

11. 将分组“儿童 1”复制一份，放置在分组“儿童 1”的下面，使用“Ctrl+T”命令，自由变换以后，摆放如图 1-1-52 所示。

图 1-1-52　复制分组以后的摆放效果

12. 复制分组“儿童 1”两份,分别替换掉其中的儿童素材如图 1-1-53 和 1-54 所示。

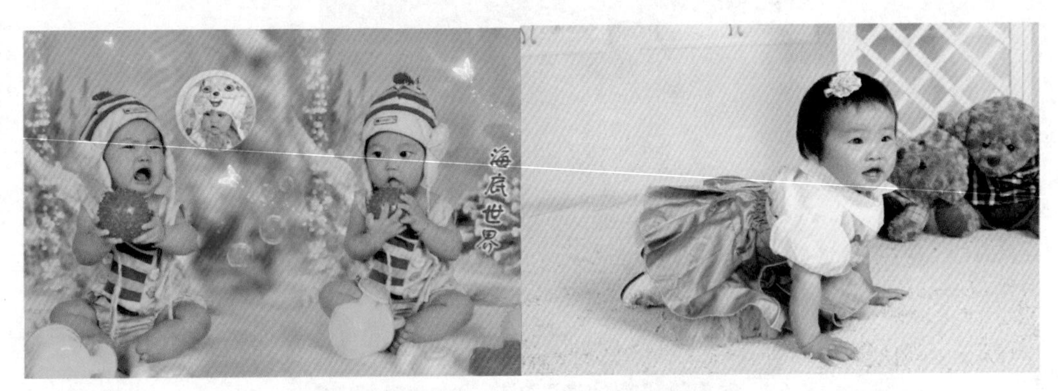

图 1-1-53　导入的儿童素材 2　　　　图 1-1-54　导入的儿童素材 3

13. 更改各个分组所对应的文字为“海底世界”和“玩具成堆”;再分别复制其分组;变换摆放好位置和角度。最终完成“公司作品”版块的效果如图 1-1-55 所示。

图 1-1-55　最终完成的“公司作品”版块的效果

（六）网页“联系我们”版块的制作

1. 在“公司作品”组的上面新建“联系我们”组；新建图层，导入素材图片如图 1-1-56 所示；抠除多余的部分，调整好大小和位置，效果如图 1-1-57 所示。

图 1-1-56　导入的素材图片

图 1-1-57　调整以后的效果

2. 输入文字“快乐宝贝儿真诚欢迎您的到来!”楷体,12 号,水平缩放为 128%,加粗、斜体、颜色#c5f3d1,字体设置参数如图 1-1-58 所示。

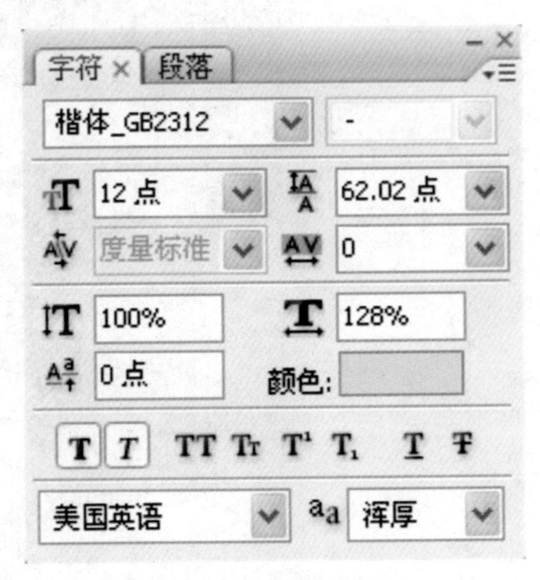

图 1-1-58　设置字体格式

3. 为文字添加描边效果如图 1-1-59 所示;再输入文字“赶快联系我们吧!”设置和前面一样;调整好位置,得到效果如图 1-1-60 所示。

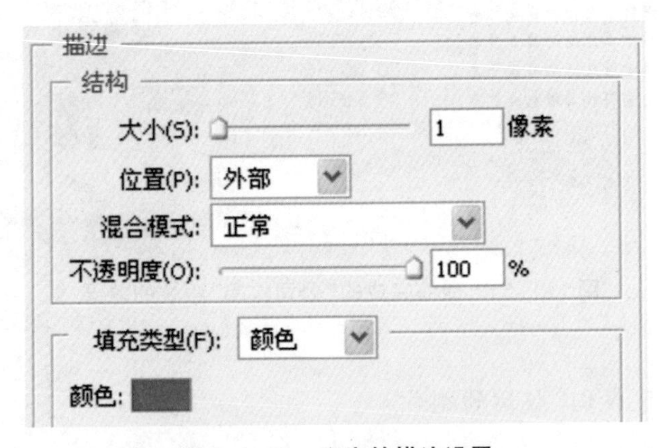

图 1-1-59　文字的描边设置

图 1-1-60　设置好的文字效果

4. 导入素材图片如图 1-1-61 所示，调整好大小和位置，复制一个副本，摆放好位置，效果如图 1-1-62 所示。

图 1-1-61　导入素材图片

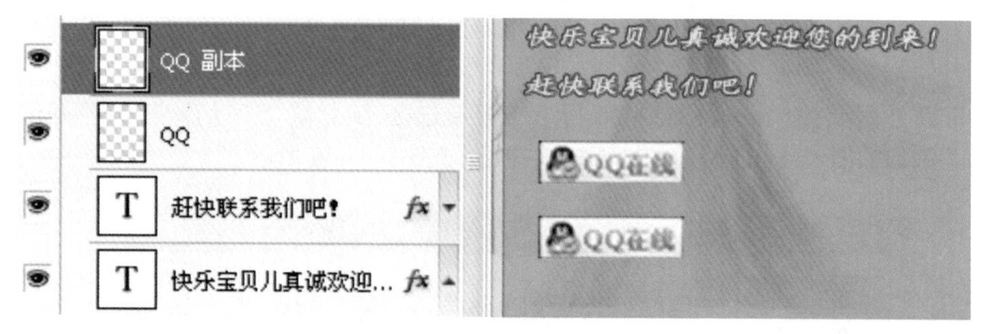

图 1-1-62　QQ 在线的图片效果

5. 导入素材图片如图 1-1-63 所示，抠除多余的部分，调整好大小和位置，效果如图 1-1-64 所示。

图 1-1-63　导入的素材图片

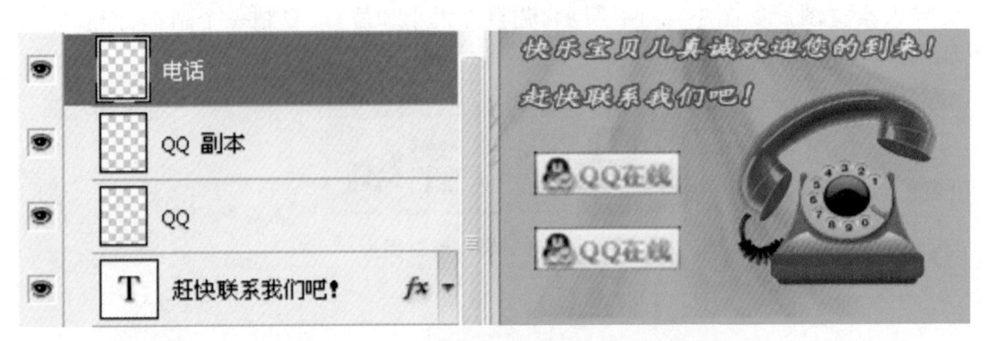

图 1-1-64　调整素材图片以后的效果

6. 新建图层,绘制一个 255 * 34 像素的矩形选区,随意填充一个颜色,调整好位置,再为其添加如图 1-1-65 所示的图层样式,效果如图 1-1-66 所示。

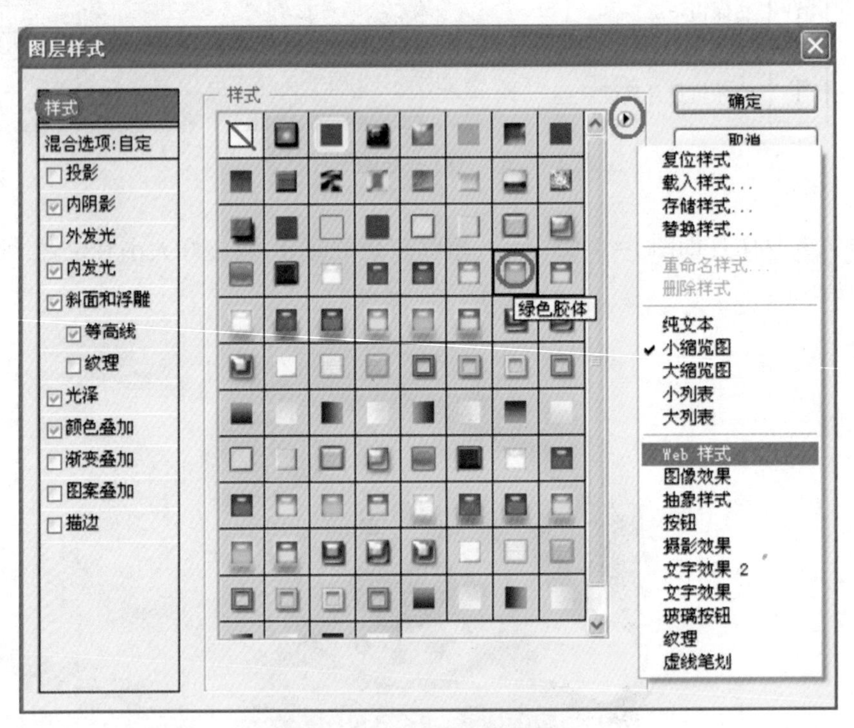

图 1-1-65　添加的图层样式

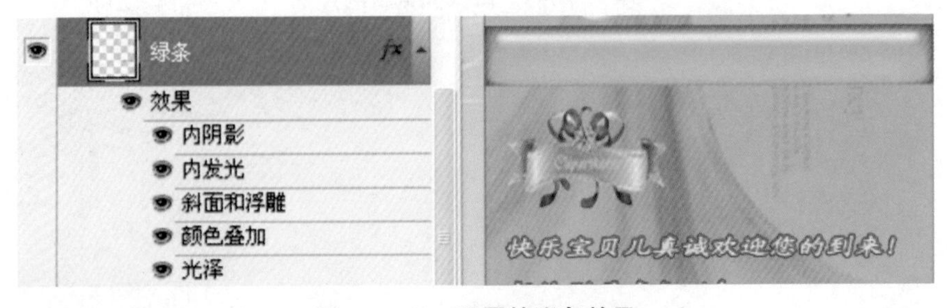

图 1-1-66　设置的彩条效果

7. 输入文字“联系我们”楷体,14 号,加粗,颜色# 872f07;字体设置参数如图 1-1-67 所示,摆放好位置后,完成本模块的制作效果如图 1-1-68 所示。

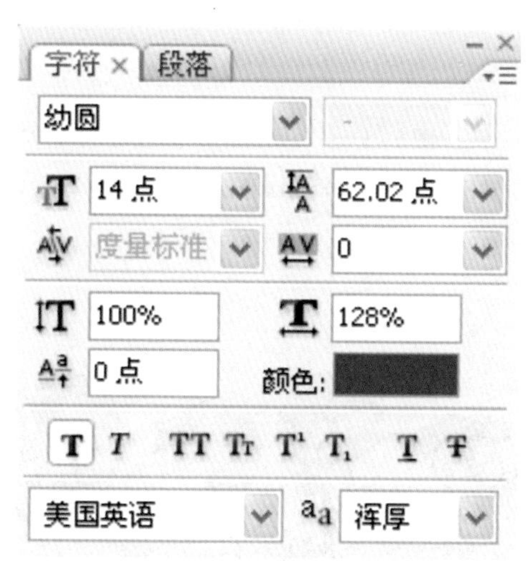

图 1-1-67　设置字体格式

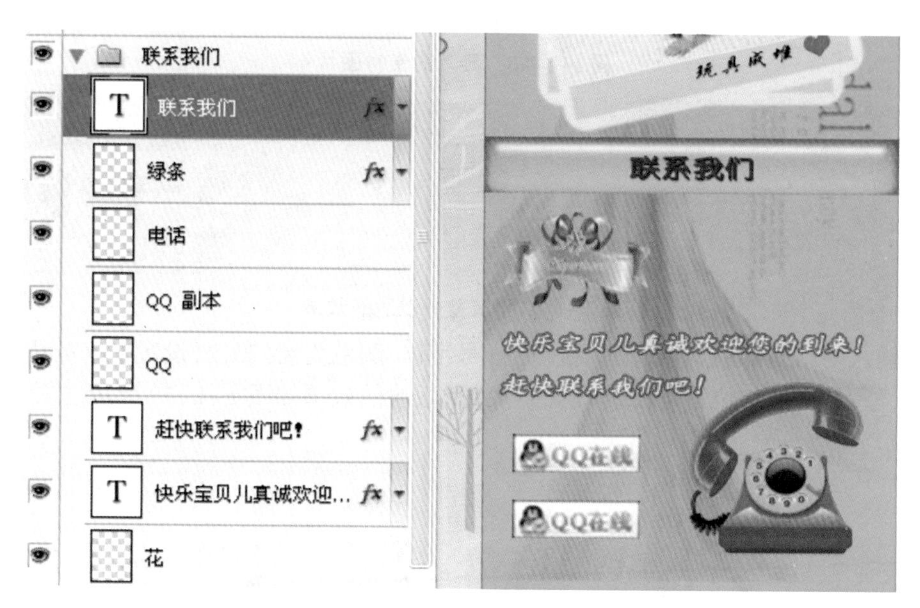

图 1-1-68　“联系我们”版块的完成效果

(七) 网页“底部”版块的制作

1. 在“联系我们”组的上面新建“底部”组。新建图层,新建一个 1006 * 133 像素的矩形选区,填充颜色为#e7e0ce,放置在网页的最下面,效果如图 1-1-69 所示。

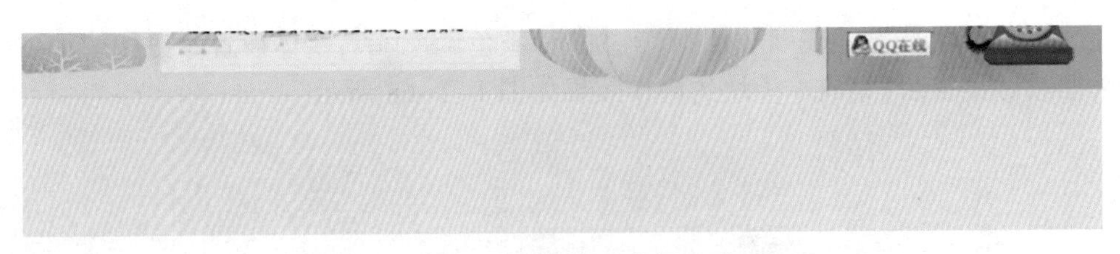

图 1-1-69　网页的底部区域

2. 新建图层,导入素材图片如图 1-1-70 所示,去除多余的部分,调整好大小和位置,效果如图 1-1-71 所示。

图 1-1-70　导入的素材图片

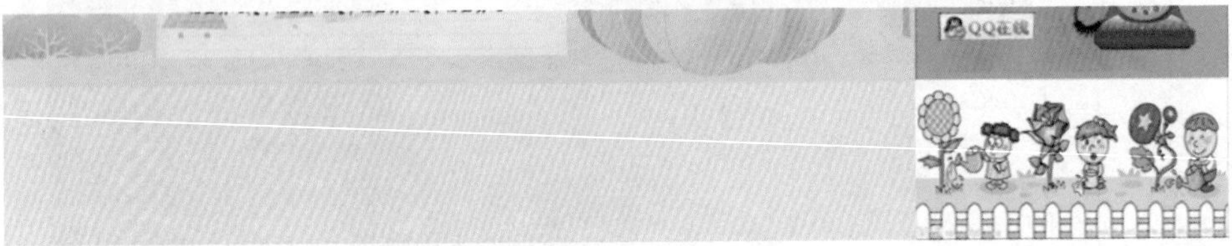

图 1-1-71　调整好以后的效果

3. 输入网站底部的文字,华文新魏,16 号字体,颜色为#053612,设置文字的格式如图 1-1-72 所示;摆放好位置;完成以后的"底部"版块的效果如图 1-1-73 所示。

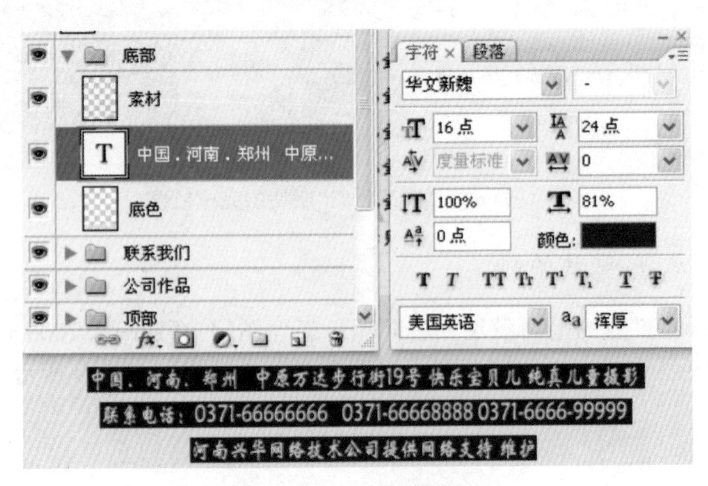

图 1-1-72　文字的格式

图 1-1-73　完成以后的“底部”版块的效果

三　页面的设计效果

至此,网页的全部内容已经设计完成,PS 中的图层关系如图 1-1-74 所示。

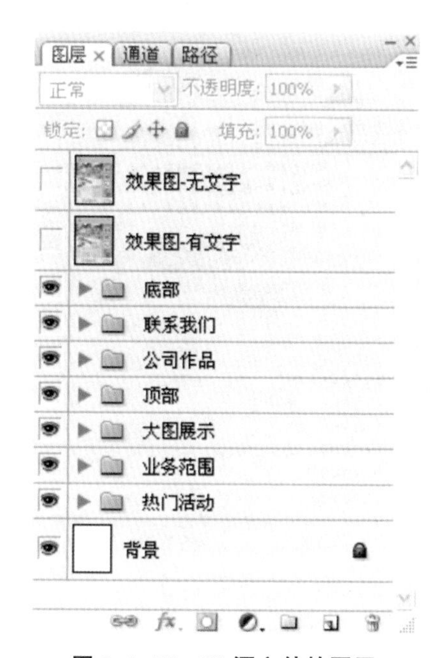

图 1-1-74　PS 源文件的图层

下面看一下自己的作品,如图 1-1-75 所示。

图 1-1-75 制作好的网页效果图(有文字)

为了后面制作网页的需要,在所有图层的最上面新建一个空白图层,命名为“效果图-有文字”,用“Ctrl+Alt+Shift+E”组合键命令盖印所有可见图层。这个图片主要为后续的网页切割提供参考,读者可以从后面的内容中加以体会。

另外,为了提供可以方便地编写代码、设置功能的真实网页,需要把效果图的一些相关文字进行隐藏,再生成一个不带文字的效果图。具体做法是:隐藏刚才的“效果图-有文字”图层;再新建一个空白图层,命名为“效果图-无文字”;隐藏掉菜单文字、热门活动中的文字、业务范围中文字；用“Ctrl+Alt+Shift+E”组合键命令盖印所有可见图层。生成的图片如图 1-1-76 所示，这个图片主要用于 Dreamweaver 软件制作网页。

图 1-1-76　制作好的网页效果图(无文字)

任务2 切割界面导出网页效果

从任务一中，大家学习到了使用 PS 软件设计和制作网页效果图的具体方法和步骤，下面给读者详细介绍一下从图片到网页的制作过程，这个过程主要使用 PS 软件的切片工具，其中涉及一些具体的方法和技巧，包括笔者在网页制作过程中总结出来的一些经验，供大家学习和交流。

一 网页的“切割”

1. 用 PS 软件打开刚才制作好的网页源文件；打开“效果图–有文字”图层，隐藏其他所有图层。

2. 选择工具条中的切片工具，如图 1–2–1 所示。

图 1–2–1 PS 中的切片工具

3. 打开 PS 的标尺，拖拽出几条参考线，一定要和图片中的各个板块的分界线重合，如图 1–2–2 所示。

图 1–2–2 打开标尺，设置参考线

4. 用切片工具，对整个图片进行划分，先切出一个大切片，如图 1–2–3 所示。

图 1-2-3　先切出一个大切片

5. 切换到"切片选择工具",点击切片 1(蓝色的编号 01,以下都是这样表达切片的编号),单击鼠标右键,选择"划分切片"命令,如图 1-2-4 所示。把切片 1 均匀地划分为水平的 3 个部分,如图 1-2-5 所示。

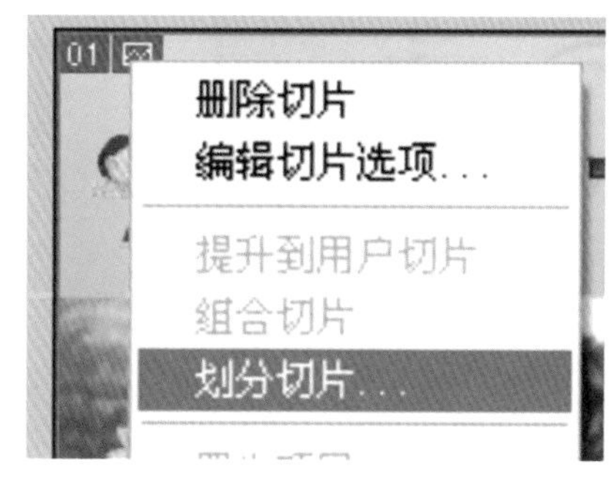

图 1-2-4　"划分切片"命令

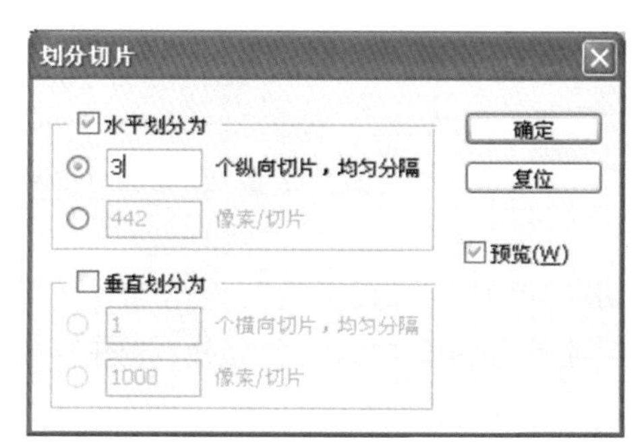

图 1-2-5　均匀水平划分切片 1

6. 仔细调节各切片的边界，相邻的切片边界必须重合，否则会出现图 1–2–6 所示的错误，导致这种错误的原因是切片 2 和切片 3 的边界没有严格重合。避免这种错误的方法：在调整边界时，同时选中相邻的两个切片，然后再拖动边界线，就能够保证相邻切片边界重合；调整以后的切片如图 1–2–7 和图 1–2–8 所示。

图 1–2–6　错误切片

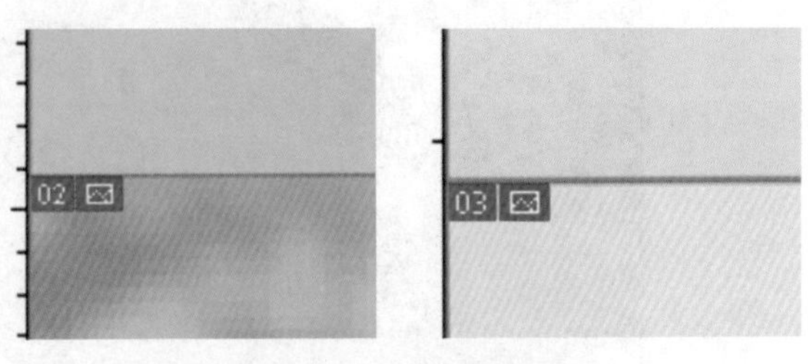

图 1–2–7　正确的切片边界

图 1–2–8　正确切割和调整以后的 3 个水平切片

7. 切换到“切片选择工具”，点击切片 1，单击鼠标右键，选择“划分切片”命令；把切片 1 均匀地划分为垂直的 2 个部分，如图 1–2–9 所示。

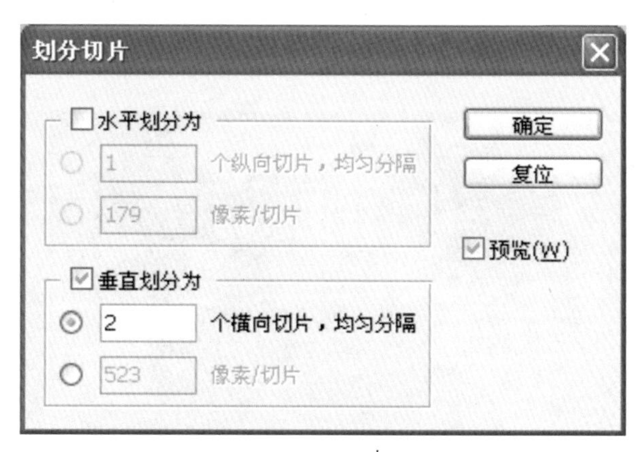

图 1-2-9　垂直划分切片

8. 调整好切片 1 和切片 2 的边界如图 1-2-10 所示(这个时候,系统会重新给每个切片进行编号);读者每次调整切片边界的时候,最好检查一下切片的总数是否正确,这是发现切割出错的一个重要方法,此时的切片总数是 4 个。

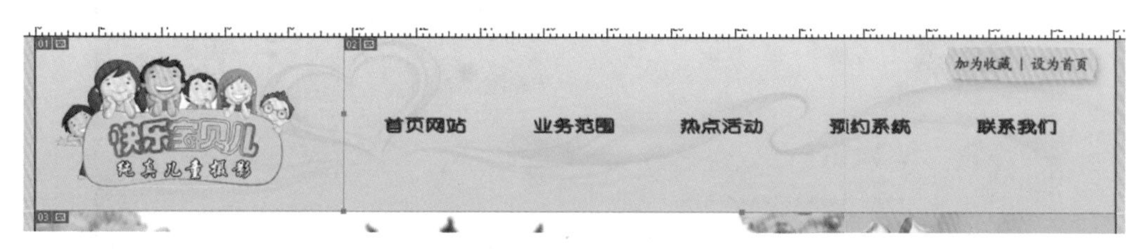

图 1-2-10　调整好切片位置的效果

9. 为了给网页制作中菜单设计和制作提供很好的操作空间,选择此时的切片 2,将其水平划分为 3 个部分,如图 1-2-11 所示。这样,菜单部分就可以在网页中很方便地进行设计和操作了。

至此,读者也能总结出一个技巧:划分切片的时候,之所以让图片中的文字显示出来,就是能很清楚地看到切片应该调整到的正确位置。

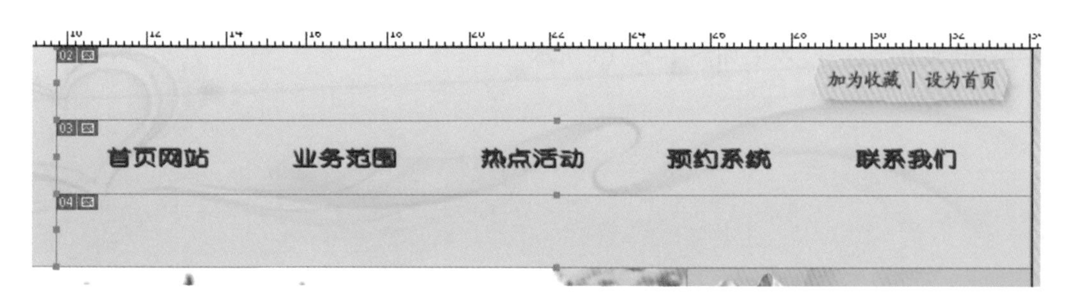

图 1-2-11　划分出的菜单部分

10. 继续运用“切片选择工具”,点击切片 5,单击鼠标右键,选择“划分切片”命令;把

切片 5 均匀地划分为垂直的 2 个部分，然后调整切片的边界，把网页的中间部分划分成两个部分，效果如图 1-2-12 所示。

图 1-2-12　把中间区域切成两个部分

11. 继续运用“切片选择工具”，点击当前的切片 5，单击鼠标右键，选择“划分切片”命令；把切片 5 均匀地划分为水平的 5 个部分，然后调整切片的边界，把网页的中间左半部分划分成五个部分，效果如图 1-2-13 所示。

图 1-2-13　划分中间左半部分

12. 继续运用“切片选择工具”，点击当前的切片 7，单击鼠标右键，选择“划分切片”命令，把切片 7 均匀地划分为垂直的 3 个部分，然后调整切片的边界，结果如图 1-2-14 所示。这时出现的切片 8 是为后续网页编辑软件 Dreamweaver(以下简称 DW)提供可以编辑的区域，后面会再介绍。

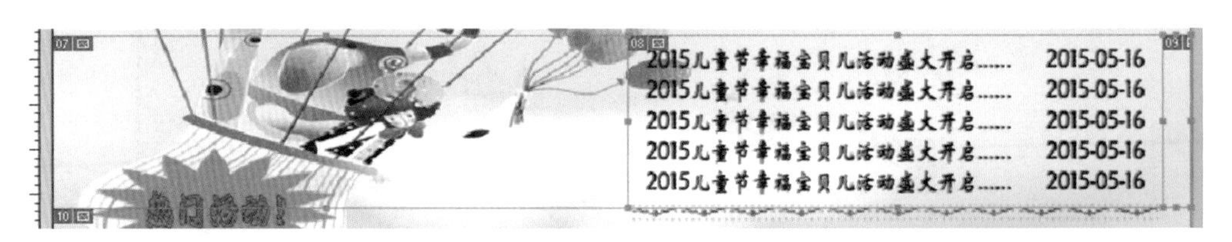

图 1-2-14　划分出文字区域

13. 继续运用“切片选择工具”，点击当前的切片 11，单击鼠标右键，选择“划分切片”命令，把切片 11 均匀地划分为垂直的 3 个部分，然后调整切片的边界，结果如图 1-2-15 所示。这时出现的切片 12 和刚才步骤中的切片 8 是一样的作用，不再赘述。这部分区域划分完成，下面划分中间左边的区域。

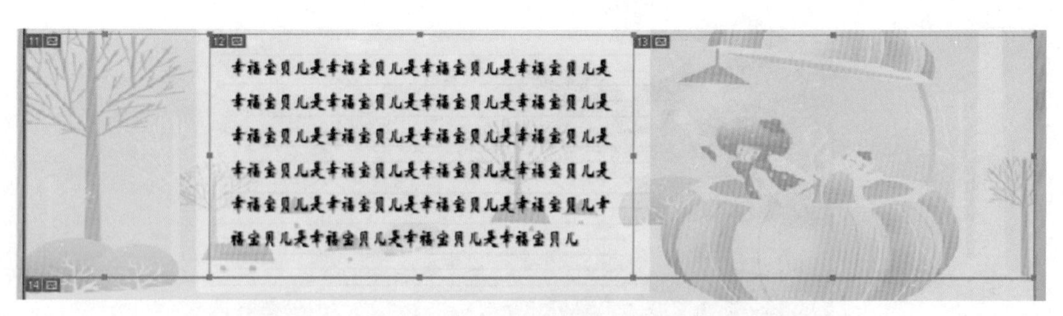

图 1-2-15　划分出文字区域

14. 继续运用“切片选择工具”，点击当前的切片 6，单击鼠标右键，选择“划分切片”命令，把切片 6 均匀地划分为水平的 8 个部分，然后调整切片的边界，结果如图 1-2-16 所示。这时出现的切片 7 是为制作变换图片的效果而专门划分出来的。

图 1-2-16　划分中间的左半部分

15. 继续运用“切片选择工具”，点击当前的切片 7，单击鼠标右键，选择“划分切片”命令，把切片 7 均匀地划分为垂直的 3 个部分，然后调整切片的边界，结果如图 1-2-17 所示。这时出现的切片 8 就可以用于制作变换图片的效果。

图 1-2-17　划分出的图片变换区域

16. 最后,划分网页的底部区域,划分为 2 个区域即可,结果如图 1-2-18 所示。

图 1-2-18　划分好的底部区域

17. 至此,网页已经按照设计功能划分完毕,总体效果如图 1-2-19 所示。

图 1-2-19　划分好的全部页面切片

二 网页的"生成"

上面制作完成的只是图片格式的网页效果图，要生成 DW 软件能够处理的网页，还需要在 PS 里面对其进行下一步的处理。

1. 保持刚才的切片状态不变，选择图层"效果图-无文字"（该图层应该是在所有图层的最上面），隐藏其他所有图层。执行"文件 → 存储为 Web 和设备所用格式"命令，打开如图 1-2-20 所示的功能。选择 JPEG 的图片格式，压缩品质为最佳、100%，选择"优化"选项，设置好以后，点击"存储"按钮。

图 1-2-20　存储为 Web 和设备所用格式功能

2. 打开存储选项面板，如图 1-2-21 所示。选择其中的"HTML 和图像（ * html）"选项。

图 1-2-21　选择存储方式

3. 在弹出的提示中选择“确定”选项，如图 1-2-22 所示。

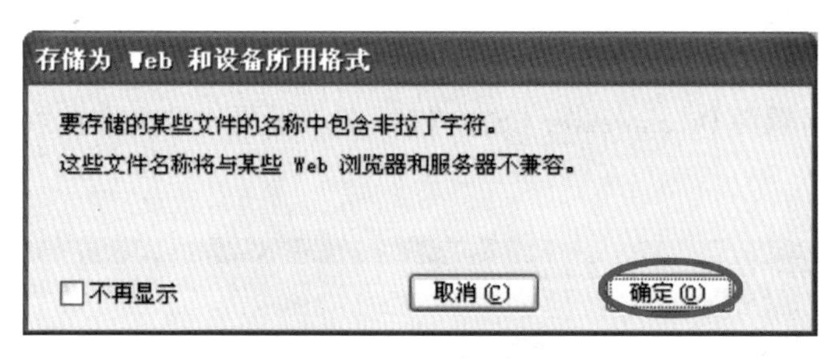

图 1-2-22　确定操作

4. 这时，系统会自动进行处理，处理的结果如图 1-2-23 所示：包括一个网页和一个名为“Images”的文件夹。打开文件夹，可以看到所有切割出来的图片文件如图 1-2-24 所示。

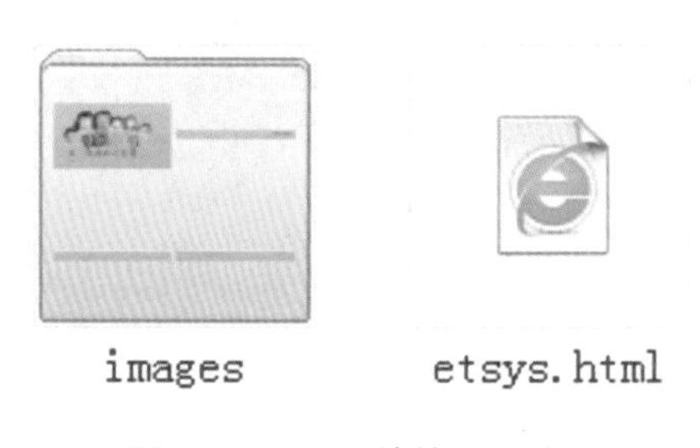

图 1-2-23　系统的处理结果

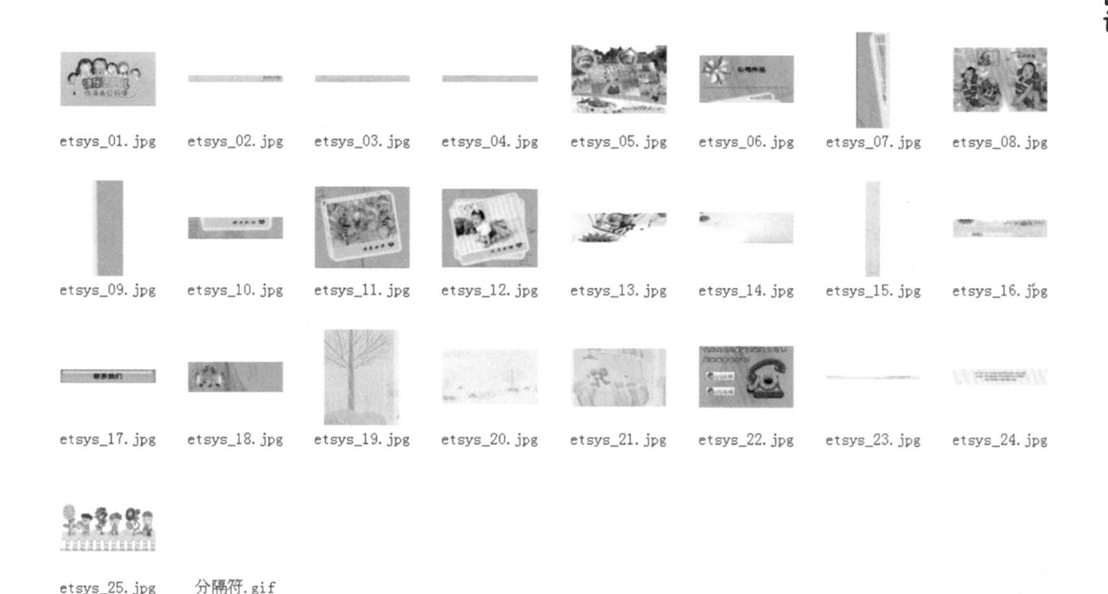

图 1-2-24　系统生成的所有图片文件

三 网页的“编辑”

1. 用网页编辑软件 Dreamweaver CS3 打开刚才生成的网页文件“etsys. html”，如图 1–2–25 所示。

图 1–2–25 生成的网页效果

2. 点击软件下面的“body”标签，并选择“居中”模式，如图 1–2–26 所示。

图 1–2–26 让网页居中

3. 这时，在浏览器中浏览网页，就可以看到制作好的居中的网页效果，如图 1–2–27 所示。

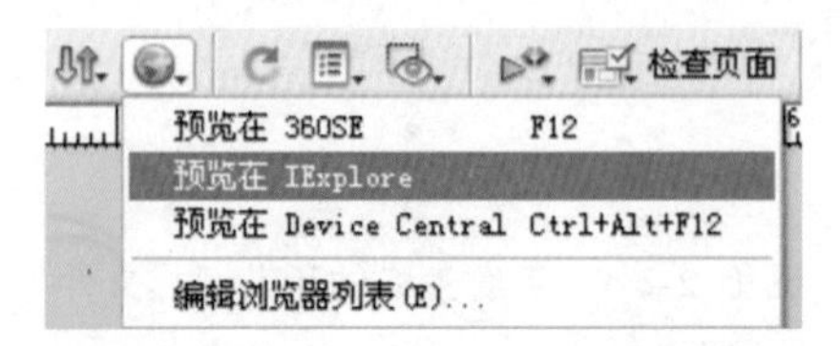

图 1–2–27 选择浏览网页的选项

4. 在弹出的保存选项里面选“保存”，就可以在相应的浏览器中浏览制作的网页了，如图 1-2-28 所示（为了让读者能看到整个网页，浏览器进行缩放显示）。

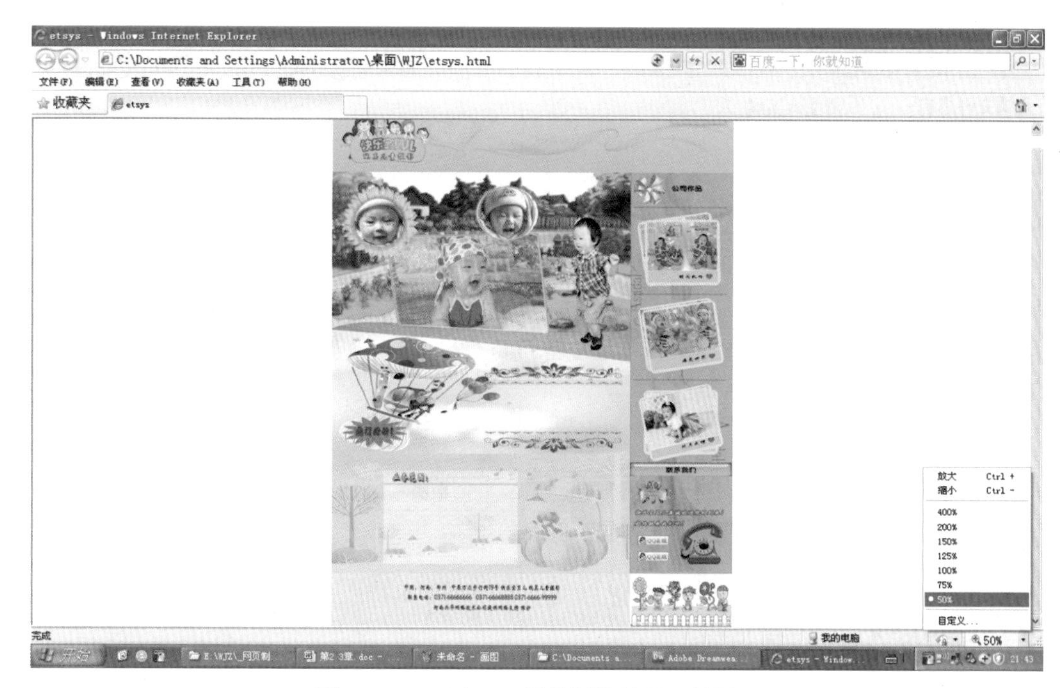

图 1-2-28 以 50% 的比例缩放显示的网页

5. 回到 DW 软件环境，选中如图 1-2-29 中的图片，可以在下面的信息里面看到，该图片的名字为“etsys_08. jpg”。将其删除，结果如图 1-2-30 所示；网页将空出一块区域。

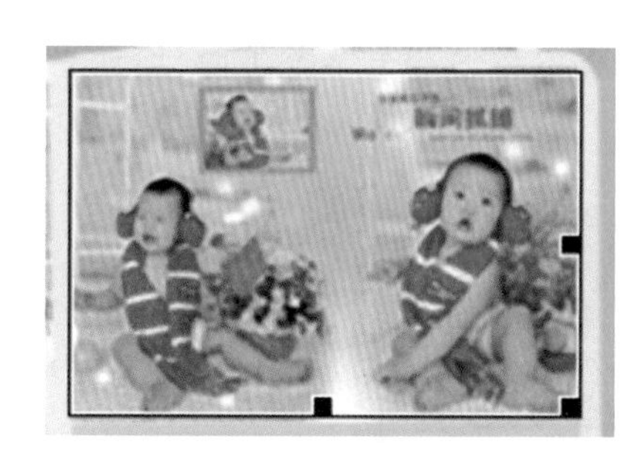

图 1-2-29 选择图片

图 1-2-30 删除图片以后的结果

6. 在软件的属性面板中，选择“背景”框后面的文件夹按钮，设置单元格背景 URL，如图 1-2-31 所示。

图 1-2-31 设置单元格背景 URL

7. 在弹出的“选择图像源文件”对话框中，选择系统自动生成的所有图片中的“etsys_08. jpg”文件，如图 1-2-32 所示。

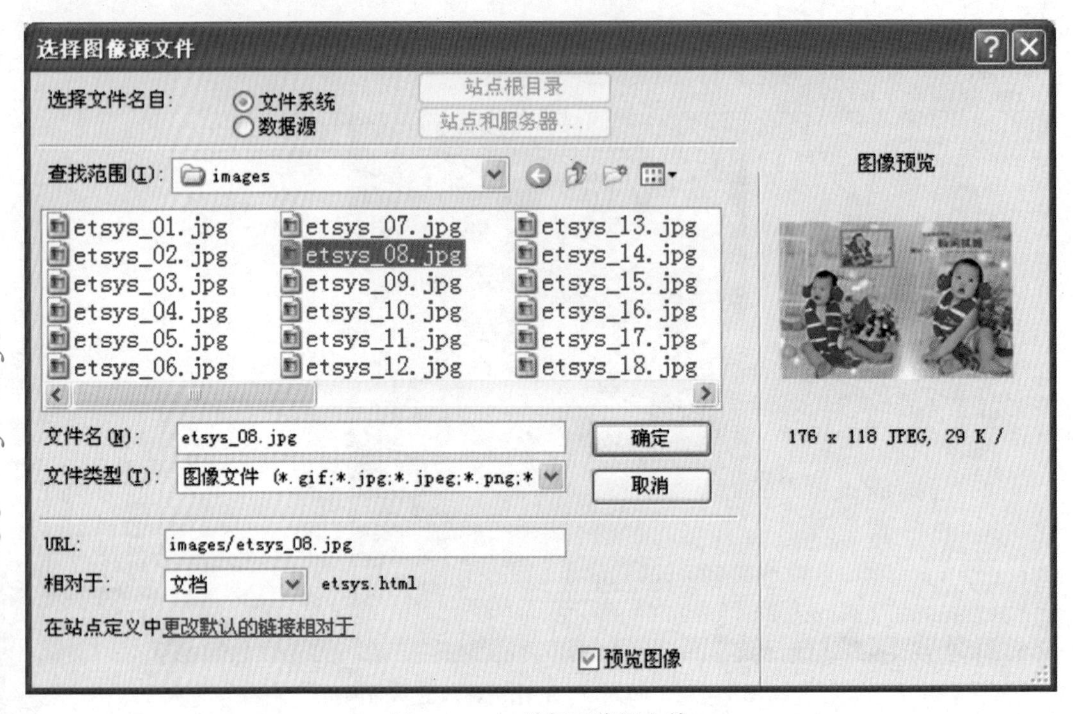

图 1-2-32　选择图像源文件

8. 确定以后，就可以看到，网页又“恢复”了完整，如图 1-2-33 所示。

注意：和刚才的网页效果有所不同的是，现在网页的空格里面可以填充网页元素或代码，将来可以实现一些动态的图片变换效果，在以后的相关章节里面，读者会看到相关的内容。

图 1-2-33　“恢复”以后的网页

9. 按照同样的方法和思路，处理的其他几个区域如图 1-2-34—图 1-2-36 所示，

图 1-2-34　需要处理的“菜单”区域

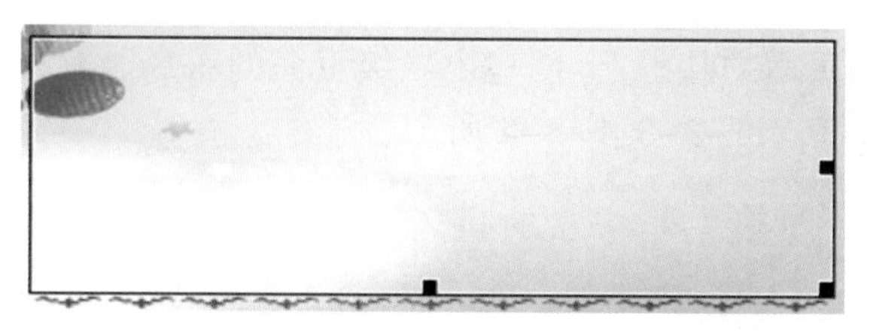

图 1-2-35　需要处理的“热门活动”区域

图 1-2-36　需要处理的“业务范围”区域

10. 全部处理完成以后，再次保存网页进行浏览，确保网页的正确性和完整性，如图 1-2-37。制作好的网页就可以为下一步的网页编辑和制作提供源文件了。

图 1-2-37　全部处理好的页面

任务3 二级页面的布局

本项目主要在主页面的基础上,创建出二级页面的布局与框架,在这里有4个二级页面,见图1-3-1、1-3-2、1-3-3、1-3-4所示。

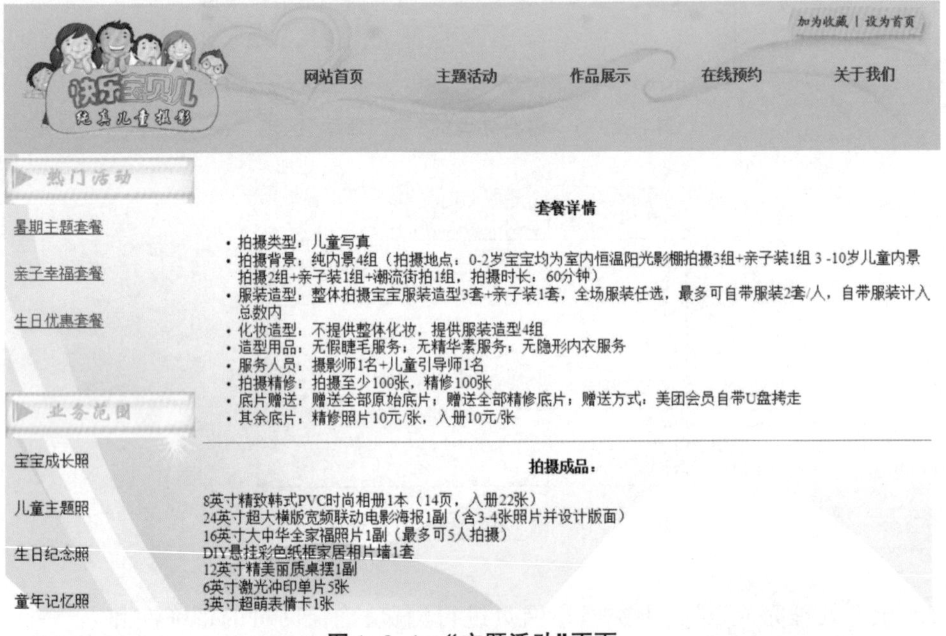

图1-3-1 "主题活动"页面

图1-3-2 "作品展示"页面

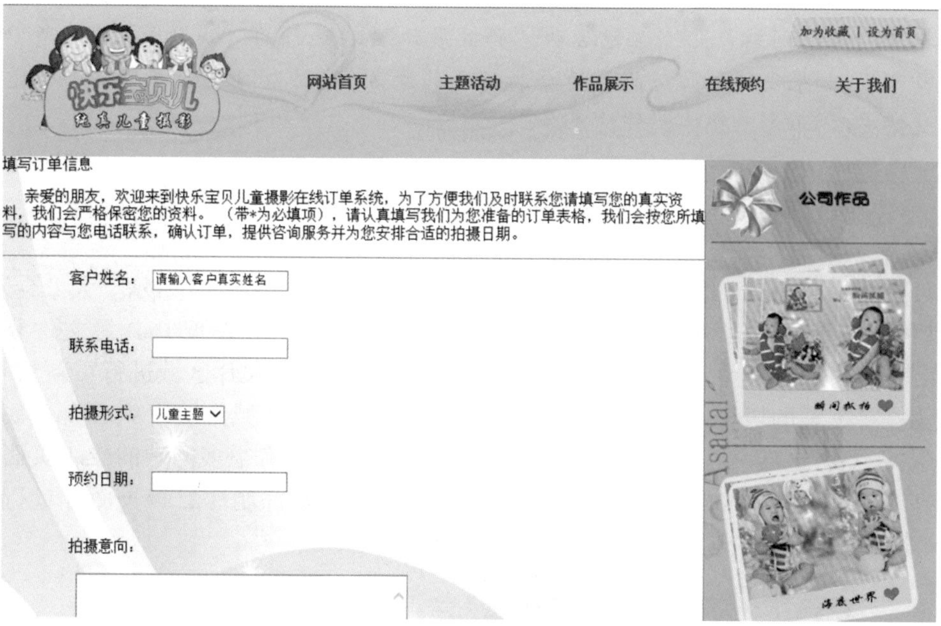

图 1-3-3 “在线预约”页面

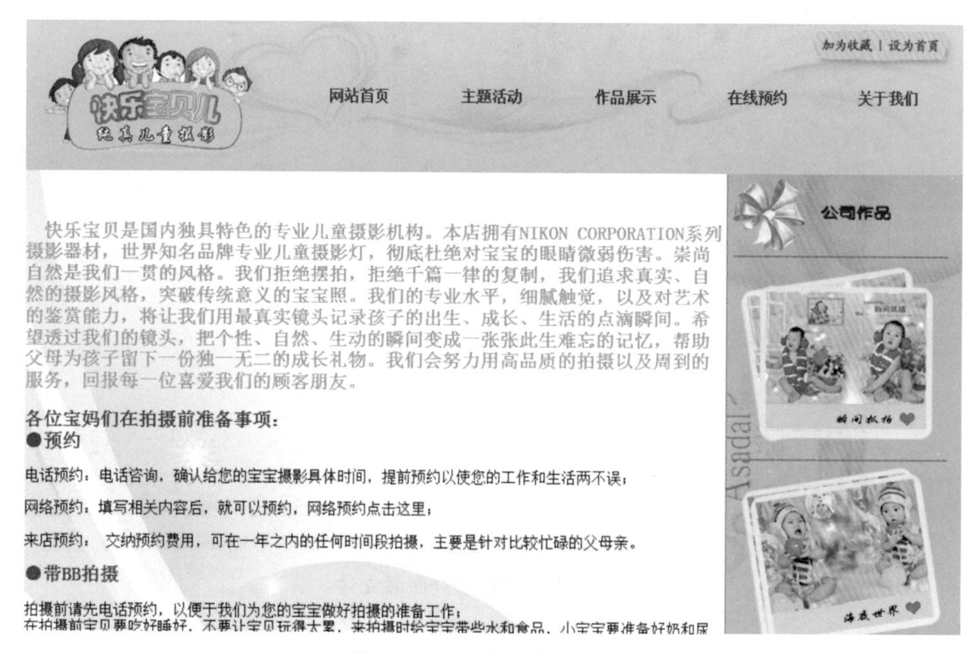

图 1-3-4 “关于我们”页面

以上四个二级页面，在布局上都是在主页面的基础上根据内容需要进行切片布局的，现在先介绍一下二级页面的结构布局制作过程。

提示：从二级页面制作开始，整个页面根据需要进行了适当调整，比如说原来的菜单分别是:"网站首页""业务范围""热点活动""在线系统""联系我们";更改后的页面上的菜单分别是:"网站首页""主题活动""作品展示""在线预约""关于我们"。所以在之后的章节里,如果发现页面与前面的页面不符的地方,是因为网站根据需要进行适当更改。这些更改,不影响整体制作技术。

一 "主题活动"页面的布局过程

1. 首先用 Photoshop CS3 打开主页面的 PSD 源文件,如图 1-3-5 所示。大家会发现,这个时候的切片和刚才完整的切片布局不太一样。这里,笔者是把 PSD 源文件复制一份,将其命名为"主题活动. psd",随后对网页图片中间的那一大片区域进行重新切割,使其成为一个完整的切片,在图 1-3-5 中能看到,中间一大块区域为切片 9;顶部和底部的切片保持不变,这样可以相对提高二级页面的制作效率。也有很多网站的二级页面和主页面在布局上没有太大的关系,那样就需要重新运用 PS 软件制作二级页面并进行切片划分,本书不重点讨论这种情况。

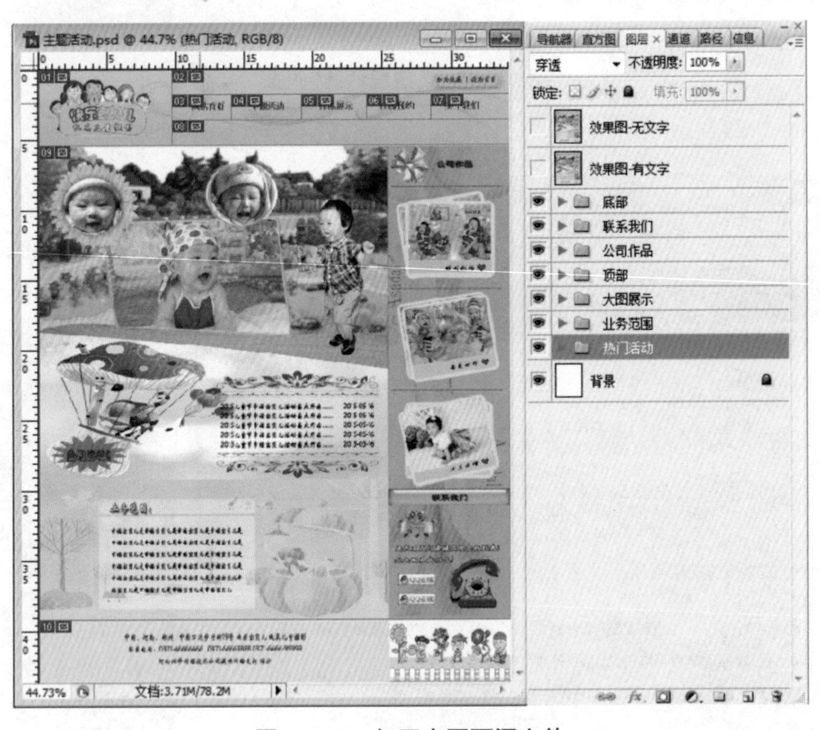

图 1-3-5 打开主页面源文件

2. 根据内容需要,在图层调板里只显示"底部"和"顶部"两个图层组的内容,其他部分全部隐藏,效果如图 1-3-6 所示。

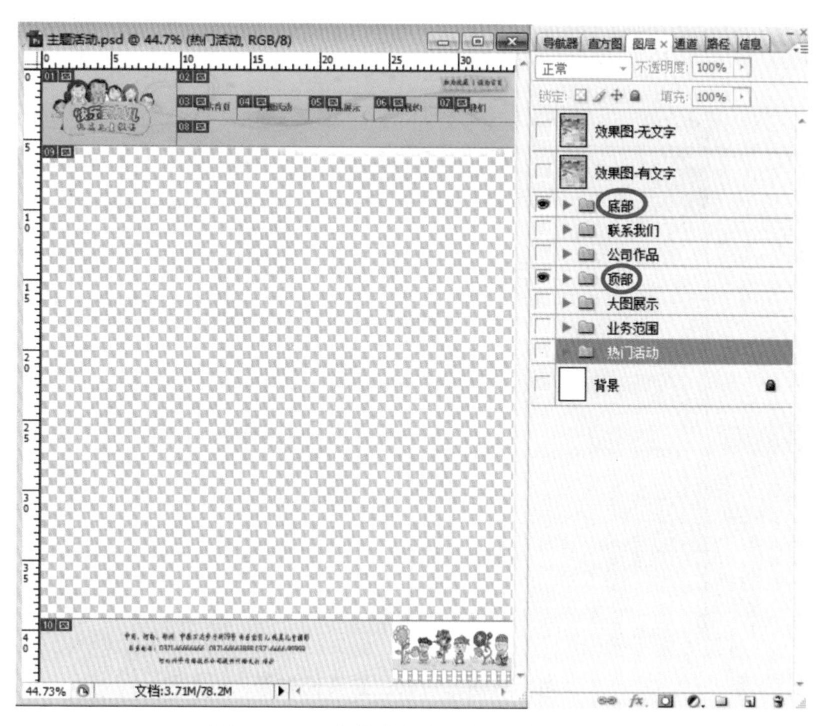

图 1-3-6　隐藏底部和底部之外的图层

3. 找一张合适二级页面背景的图片，用 PS 打开，如图 1-3-7 所示。

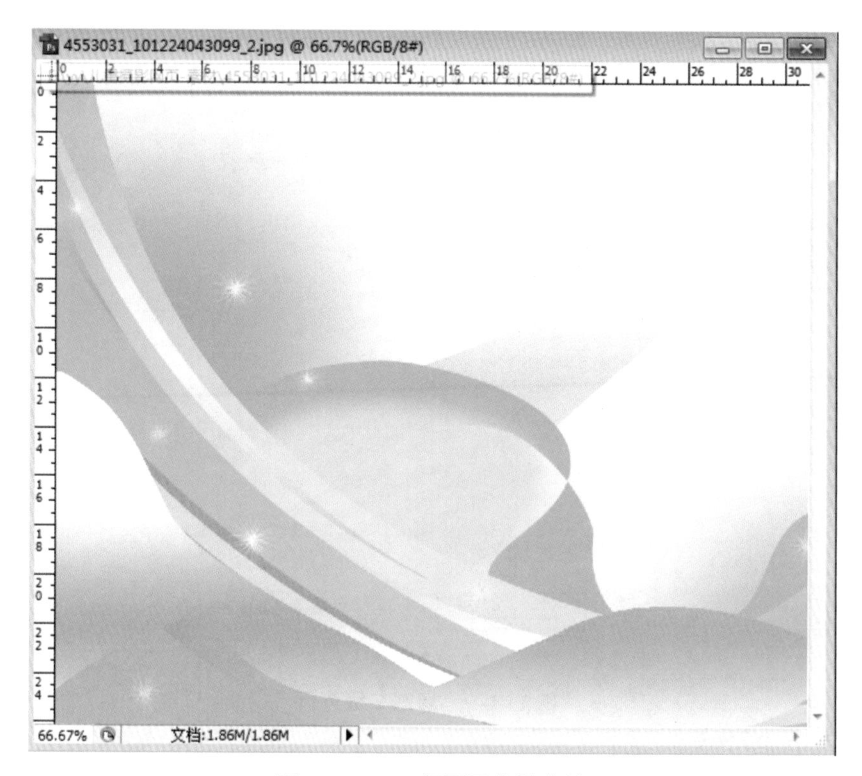

图 1-3-7　二级页面背景素材

4. 把背景素材导入主页源文件中，并且设置其不透明度、调整大小与位置，效果如图 1-3-8 所示。

图 1-3-8　设置二级页面背景

提示：要注意观察此处把源文件的白色背景也要显示出来，不然二级页面背景设置了透明度，会露出马赛克效果。

5. 接着就是用切片工具对二级页面进行切割，切割后的效果如图 1-3-9 所示。

图 1-3-9　切割二级页面

6. 执行“文件→存储为 Web 和设备所用格式(D)…”命令,打开存储为 Web 和设备所用格式对话框,如图 1-3-10 所示,单击“存储”按钮,打开“将优化结果存储为”对话框,如图 1-3-11 所示。

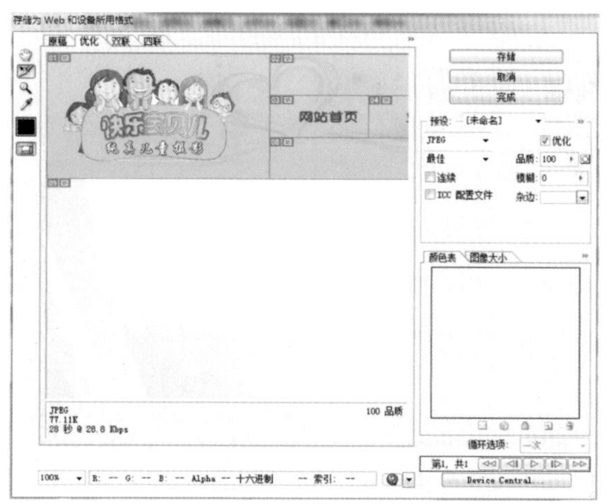

图 1-3-10　存储为 Web 和设备所用格式对话框

图 1-3-11　将优化结果存储为对话框

提示:给文件取一个名字,最好是拼音,不用汉字,以方便后面的操作,还要选择类型为“仅 HTML 和图像(＊.Html)”

7. 回到桌面上查看保存后的文件如图 1-3-12 所示,多了一个 Images 文件夹和一个 zhutihuodong. html 文件,依次打开 Images 文件夹,和 zhutihuodong. html 文件,效果分别如图 1-3-13 和 1-14 所示。

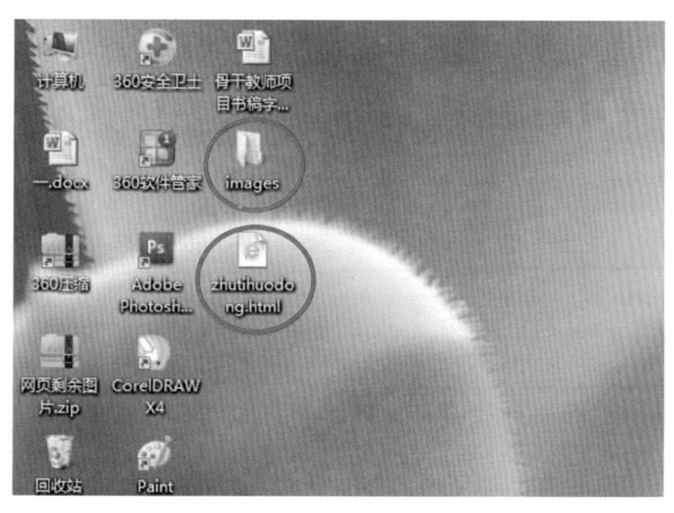

图 1-3-12　保存后有生成一个文件和一个文件夹

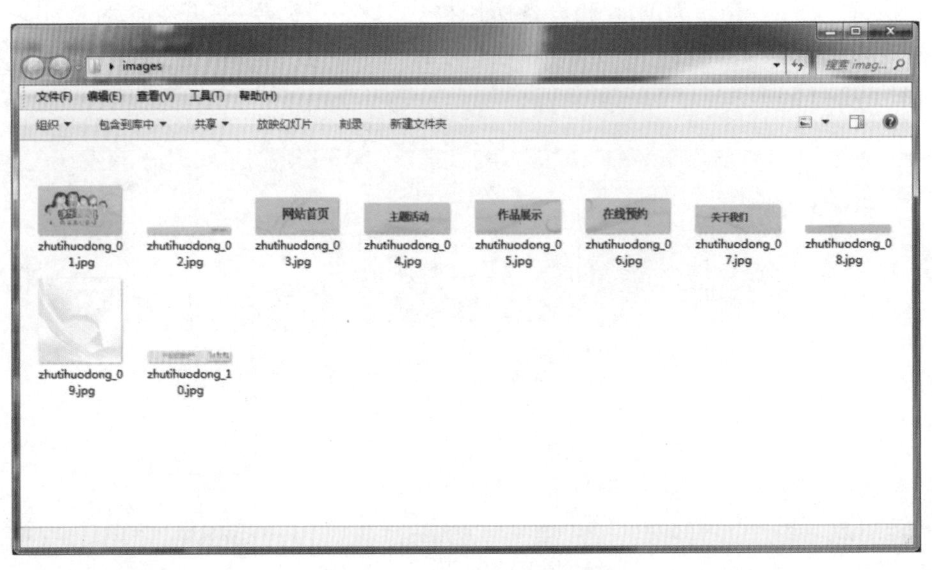

图 1-3-13　Images 文件夹内容

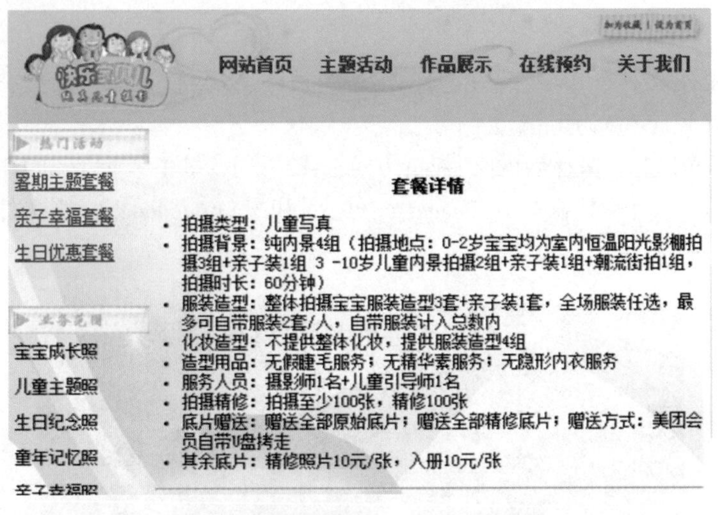

图 1-3-14　主题活动网页布局效果

提示：只要导出.html 的文件，就可以在 Dreamweaver 中打开进行编辑设计。

二 “作品展示”页面制作过程

作品展示的完整页面如图 1-3-15 所示。

1. 页面的切割。从图中很清楚地看出，这个二级页面跟主题活动页面切割方法相似，如图 1-3-16 所示。

图 1-3-15　作品展示完整页面效果

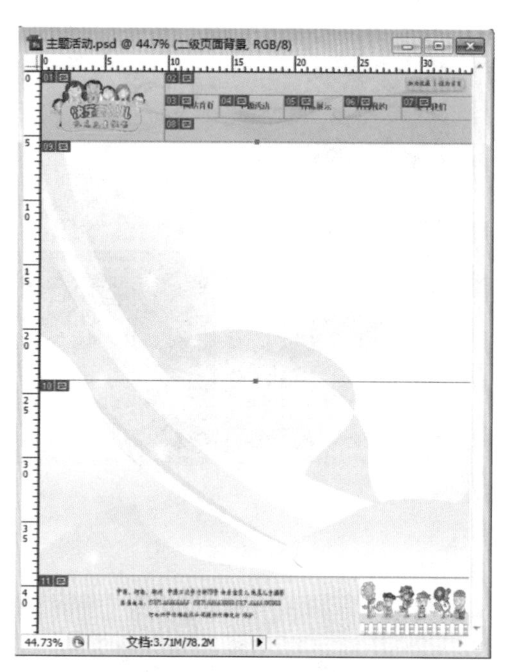

图 1-3-16　作品展示页面切片

提示：中间部分切片 09 和 10，它们的高度分别是 548 像素、450 像素。

2. 切片 09 中，将来会在 Dreamweaver 中导入一个 Gif 动画，这个 Gif 动画使用 PS 制作的，制作过程在此不再详述可参考理论篇相关内容。

3. 切片 10 中将来会在 Dreamweaver 中导入三张 JPG 图片，分别为室内、室外、亲子的三张图片，如图 1-3-17 所示。

提示：这三张图都是在 PS 中制作的，所建文件尺寸为 1006 * 450 像素，一个一个图片排列好即可，在此不再详述制作过程。

室内

室外

亲子

图 1-3-17　切片 10 中放的三张图

4."在线预约"和"关于我们"页面制作可参见前两个二级页面制作过程,在此不再重复叙述。

实训二
UI 界面与图标设计

Photoshop 功能的两大分支分别是图像处理和鼠标绘图(简称鼠绘),处理功能已经在前面的众多案例中展现出来,本项目利用 Photoshop 的鼠绘功能设计出智能手机的界面以及众多手机图标,这对学习 UI 设计的学生来说必须掌握的。

项目导读

本项目让读者从一张空白纸张开始,利用 Photoshop 的工具一步一步设计出手机的轮廓,最后利用图层的样式等命令为手机各部件添加反光、质感效果。

学习目标

1. 掌握手机轮廓的制作方法。
2. 掌握利用图层样式为手机添加质感、反光等效果的方法与技巧。

任务1 手机界面设计

一 任务目标

该任务主要采用椭圆、圆角矩形、矩形等工具等制作出手机轮廓及相关部件的形状,然后采用图层样式命令为图像添加渐变叠加、描边、投影等效果。最后给屏幕贴入一张图片,效果如图2-1-1 所示。

图 2-1-1 效果图

二 任务实施

(一)机身制作

步骤 1:新建一个 600 * 800 像素的文件,命名为苹果手机,如图2-1-2 所示。

步骤 2:选择圆角矩形工具,并设置其属性为形状图层、圆角半径为 50、宽度和高度分别为 310 px、620 像素(px),如图 2-1-3 所示。

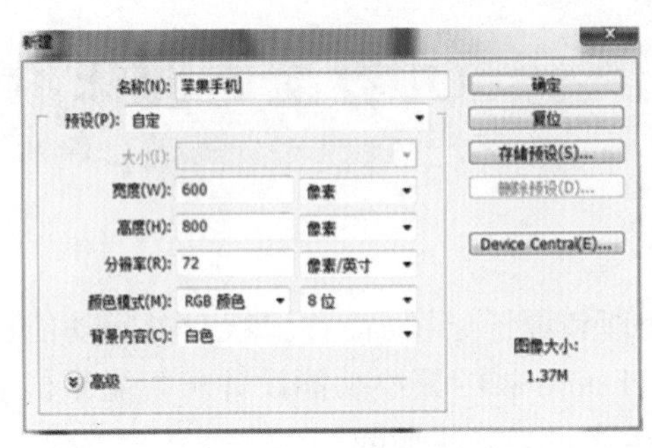

图 2-1-2　新建文件

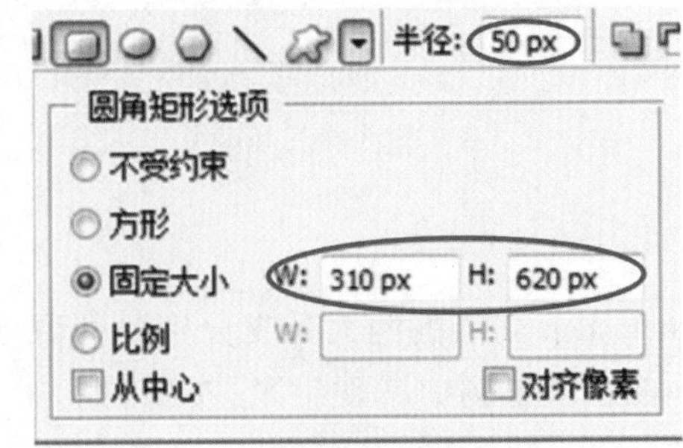

图 2-1-3　圆角矩形选项设置

步骤 3:设置前景色为黑色,并用上步设置好的圆角矩形工具在合适的位置单击,得到一个手机的轮廓,如图 2-1-4 所示。

步骤 4:栅格化图层,并给该图层命名为“机身”,然后对该层添加外发光效果,参数如图 2-1-5 所示,添加后的效果如图 2-1-6 所示。

图 2-1-4　手机轮廓效果

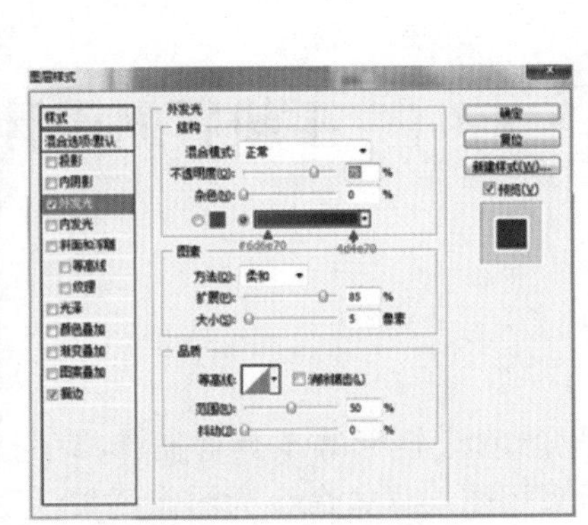

图 2-1-5　外发光效果设置

图 2-1-6　外发光效果

步骤 5:对该层再添加描边效果,参数如图 2-1-7 所示,添加后的效果如图 2-1-8 所示。

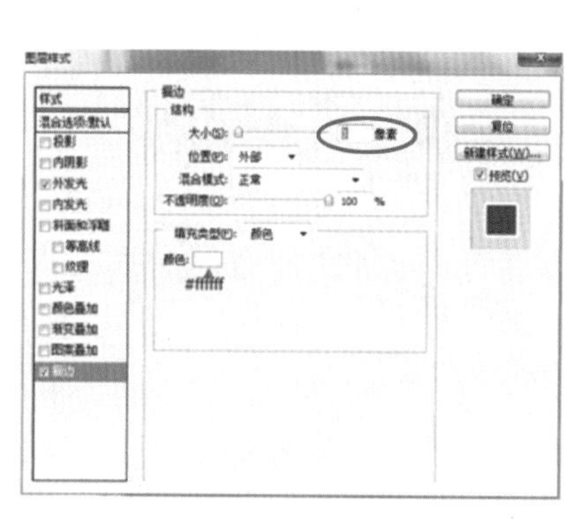

图 2-1-7　描边设置

图 2-1-8　描边效果

步骤 6：新建一个图层，命名为“三个小矩形”，设置前景色为#52524e，并选择矩形选框工具，设置其属性为填充像素、设置其选项为 W：320 px、H：3 px，如图 2-1-9 所示。然后在手机上单击，在手机的底端绘制一条灰色线条，如图 2-1-10 所示，再用矩形选框工具对多余部分进行删除，得到如图 2-1-11 的效果。

图 2-1-9　矩形选项设置

图 2-1-10　绘制灰色线条

图 2-1-11　处理后效果

步骤 7：用同样的方法对手机的顶端进行小短线设置，效果如图 2-1-12 所示。

步骤 8：选择“机身”层，按住“Ctrl+J”组合键，将“机身”层复制，得到“机身副本”层，如图 2-1-13 所示。

图 2-1-12　小短线设置

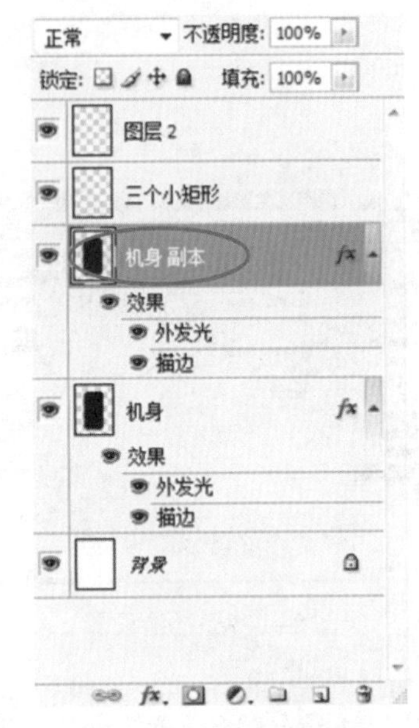

图 2-1-13　复制机身层

步骤 9：选择“机身副本”层，按“Ctrl+T”组合键，将“机身副本”处于自由变换状态，并设置其属性栏中的 W 和 H 均为 98%，如图 2-1-14 所示。

X: 300.0 px　Y: 413.5 px　W: 98.0%　H: 98.0%

图 2-1-14　设置机身副本层

步骤 10：对“机身副本”层添加“描边”效果，参数设置如图 2-1-15 所示，单击确定后效果如图 2-1-16 所示。到此，机身轮廓部分制作结束。

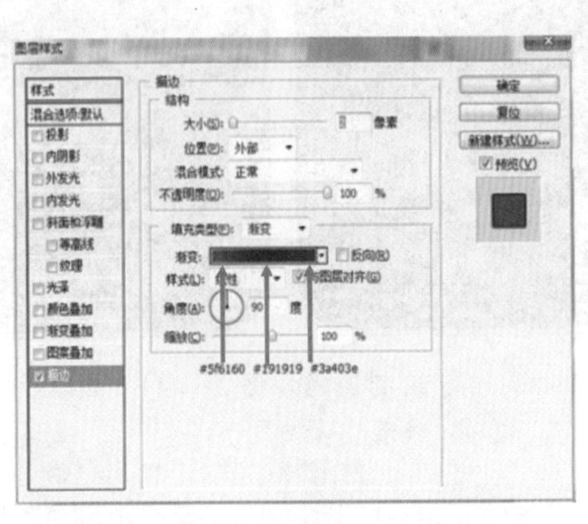

图 2-1-15　“机身副本”描边设置

图 2-1-16　描边效果

（二）高光区制作

步骤 1：选择魔棒工具，将机身内部黑色部分选中，如图 2-1-17 所示。

步骤 2：选择多边形套索工具，然后按住“Alt”键，将多余的选区减去，保留如图 2-1-18 所示的选区。

图 2-1-17　魔棒选取黑色部分

图 2-1-18　减去多余选区石效果

步骤 3：新建一个图层，命名为“反光”层，然后对选区内填充白色，并设置其图层填充不透明度为值 0% 填充: 0% 。

步骤 4：对“反光”层添加渐变叠加效果，参数如图 2-1-19 所示，单击“确定”后效果如图 2-1-20 所示，到此，高光区效果制作结束。

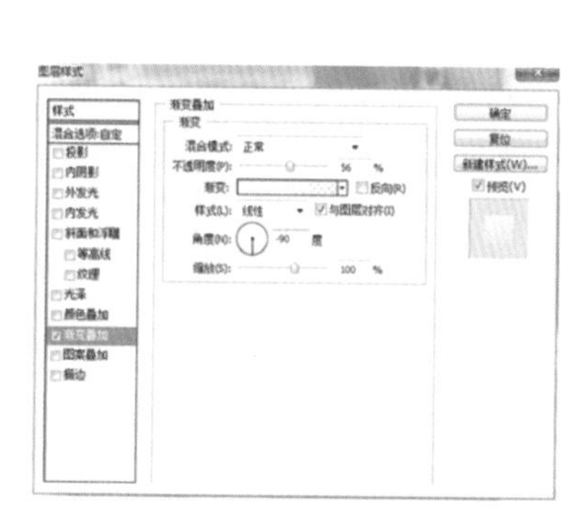

图 2-1-19　渐变叠加效果设置

图 2-1-20　渐变叠加效果

（三）按键制作

步骤1：在背景层的上方新建一个图层，命名“按钮”层，选择圆角矩形工具，设置其圆角半径为3，W和H分别为53和21像素，然后单击鼠标，制作出一个小圆角矩形（此时的颜色可以是任意的）。

步骤2：选择渐变工具，并打开渐变编辑器，设置其参数如图2-1-21所示，渐变条上有四个色标，颜色值分别为#ffffff、#555555、#ffffff、#555555。

步骤3：将“按钮”层载入选区，然后用设置好的渐变工具从左到右水平方向上的线性渐变，得到的按钮效果如图2-1-22所示。

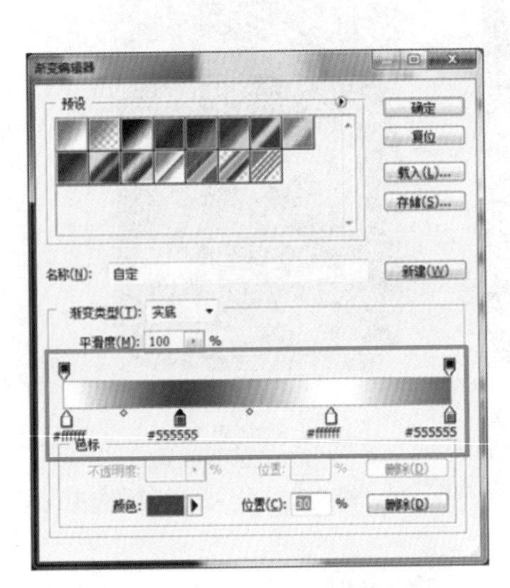

图2-1-21 “按钮”渐变设置

图2-1-22 按钮渐变效果

步骤4：将制作好的按钮放置合适的位置，如图2-1-23所示。

步骤5：将“按钮”层复制三个副本，并进行大小、方向、位置等调整，最后得到如图2-1-24所示的效果，到此，按键制作完毕。

图 2-1-23　放置按钮　　　图 2-1-24　按键放置后效果

（四）听筒制作

步骤 1：新建（Ctrl+N）一个 100 * 100 像素的文件，背景选择透明，如图 2-1-25 所示。

步骤 2：执行“视图→新建参考线”命令，打开新建参考线对话框，设置参数如图 2-1-26 和 2-1-27 所示，单击“确定”按钮得到水平、垂直的居中参考线，如图 2-1-28 所示。

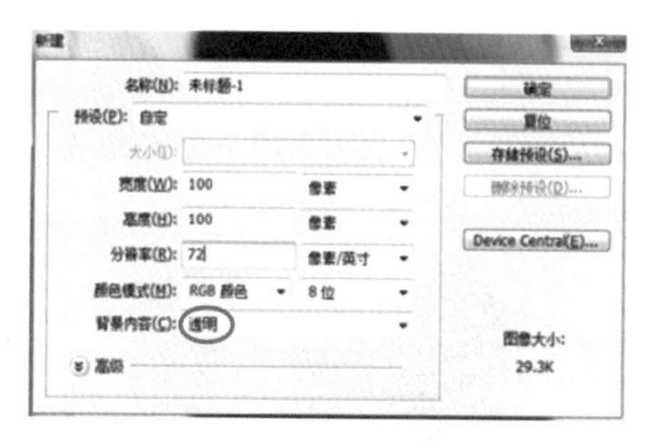

图 2-1-25　新建图层

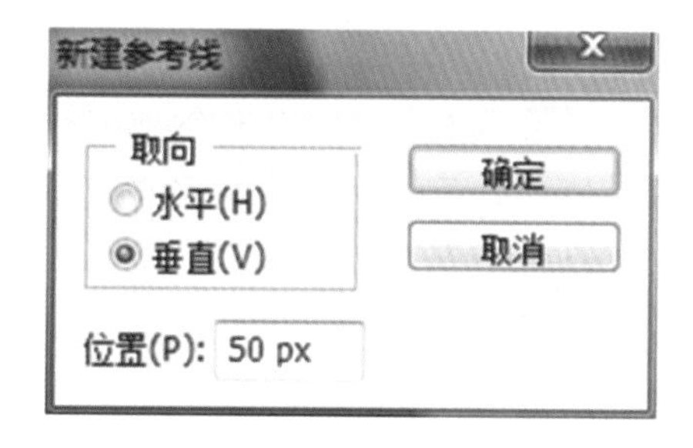

图 2-1-26　参考线设置

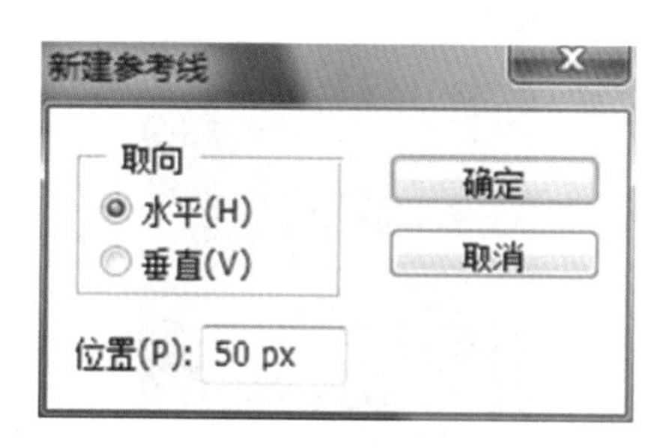

图 2-1-27　水平参考线设置

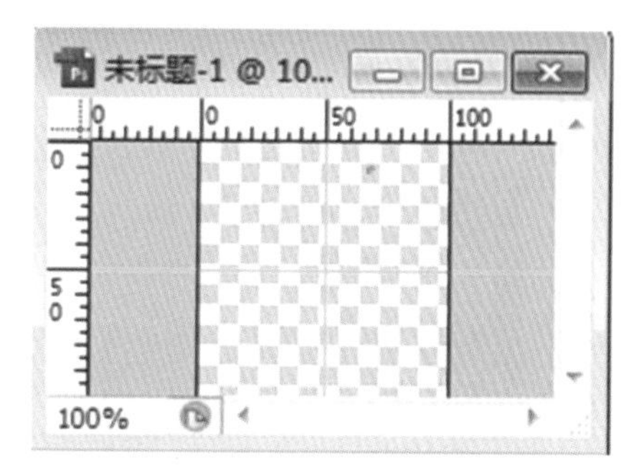

图 2-1-28　新建居中参考线

步骤 3：用矩形工具按住 Shift 键在左上角与右下角创建出黑色方块，如图 2-1-29 所示。

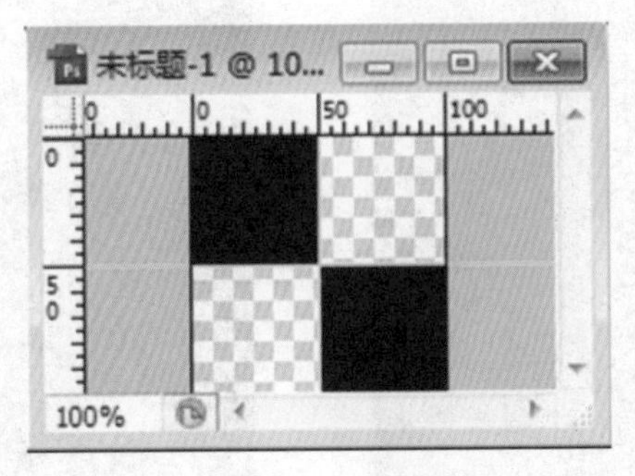

图 2-1-29　创建黑色方块

步骤 4：然后执行“编辑→自定义图案”命令打开图案名称对话框，命名为 iPhone，如图 2-1-30 所示，单击确定，将我们做好的文件作为图案保存起来。

图 2-1-30　设置图案名称

步骤 5：设置前景色为白色，新建一个图层命名为“听筒”，选择圆角矩形工具，设置其属性为“填充像素”，圆角半径为 30 px、W 和 H 分别为 68 px 和 17 px，如图 2-1-31 所示，设置完毕在合适的位置，单击得到一个圆角矩形，如图 2-1-32 所示。

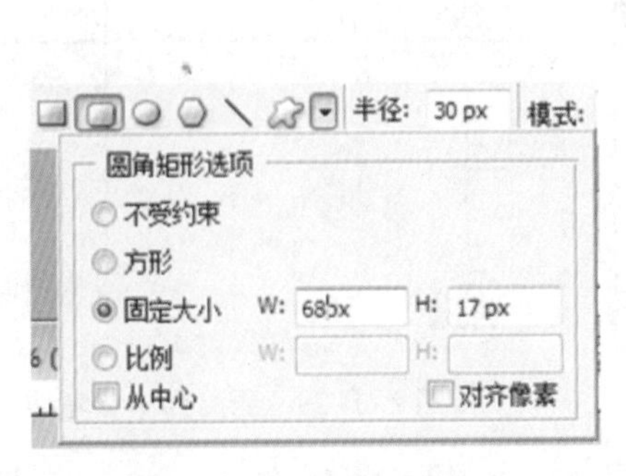

图 2-1-31　圆角矩形设置

图 2-1-32　设置后效果

步骤6:对听筒添加渐变叠加效果,其参数设置如图2-1-33所示,单击“确定”得到的效果如图2-1-34所示。

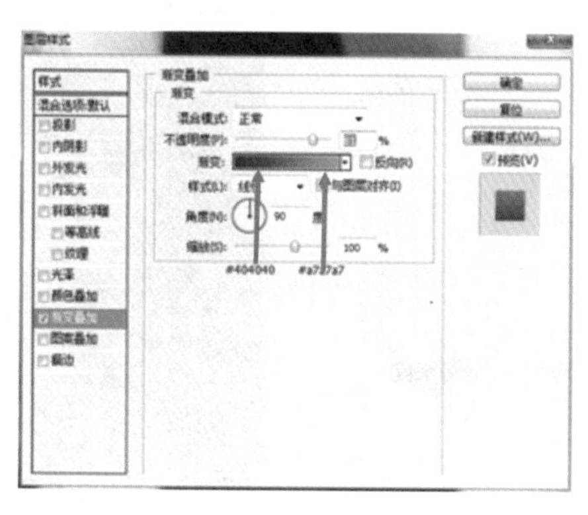

图2-1-33　“渐变叠加”设置

图2-1-34　“渐变叠加”效果

步骤7:继续为听筒添加图案叠加效果,在图案中选择步骤4中所创建的图案,其他参数设置如图2-1-35所示,单击确定得到如图2-1-36的效果。

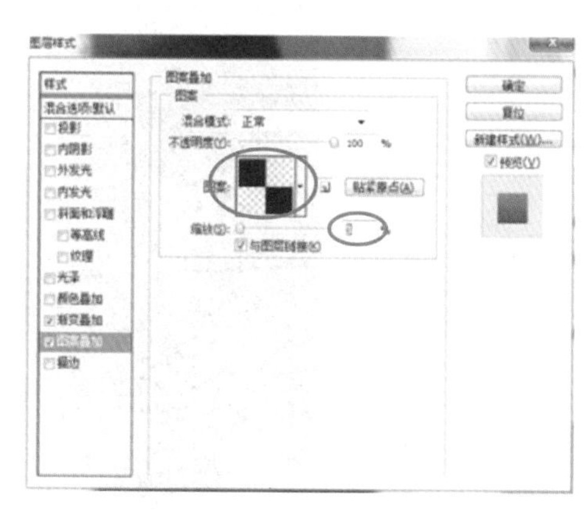

图2-1-35　图案渐变设置

图2-1-36　图案渐变效果

步骤8：继续为听筒添加描边效果，参数设置如图2-1-37所示，单击确定后，效果如图2-1-38所示。到此听筒制作结束。

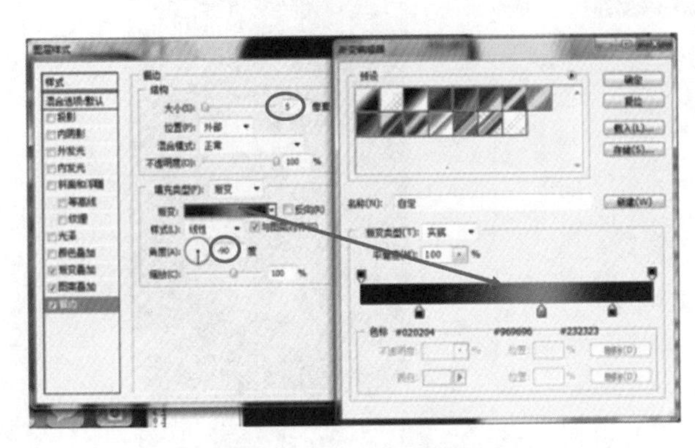

图2-1-37 描边设置

图2-1-38 描述效果

（五）摄像头制作

步骤1：新建一个图层，命名为“摄像头”，选择矩形选框工具，并设置其参数如图2-1-39所示，然后在合适的位置单击，得到一个小圆，如图2-1-40所示。

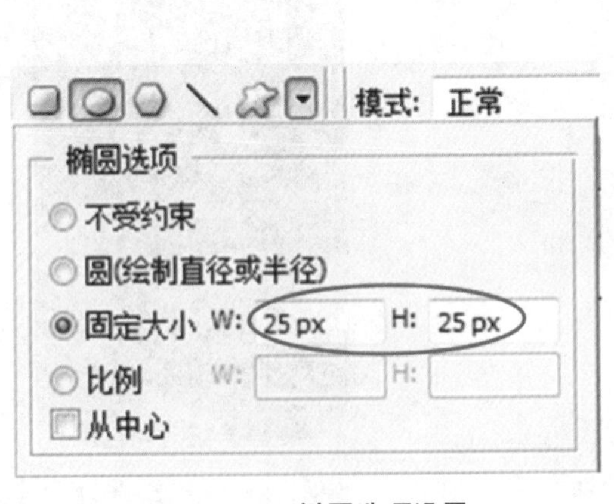

图2-1-39 椭圆选项设置

图2-1-40 椭圆效果

步骤2：给摄像头添加渐变叠加效果，设置参数如图2-1-41所示，单击确定按钮，得到的摄像头效果如图 2-1-42 所示。

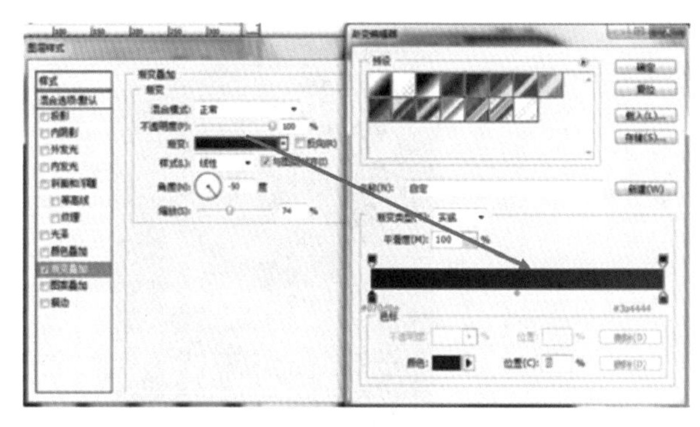

图 2-1-41 “渐变叠加”设置

图 2-1-42 “渐变叠加”效果

步骤 3：按住“Ctrl+J”组合键将摄像头复制一个图层，得到“摄像头副本”层，并将副本等比缩放至 50%，然后对缩小后的副本添加渐变叠加效果，设置参数如图 2-1-43 所示，确定后效果 2-1-44 所示，到此摄像头制作完成。

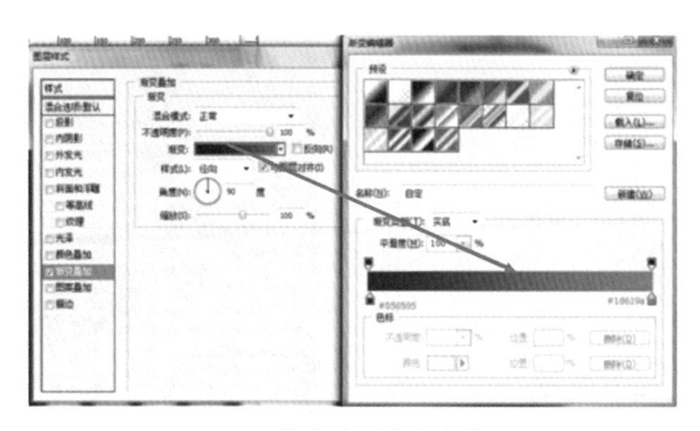

图 2-1-43 “摄像头副本渐变叠加”设置

图 2-1-44 渐变叠加效果

（六）HOME 键制作

步骤1：新建一个图层，命名为“HOME 键”，选择椭圆工具，设置参数如图 2-1-45 所示，设置完毕在合适的位置单击，得到一个小正圆，如图 2-1-46 所示。

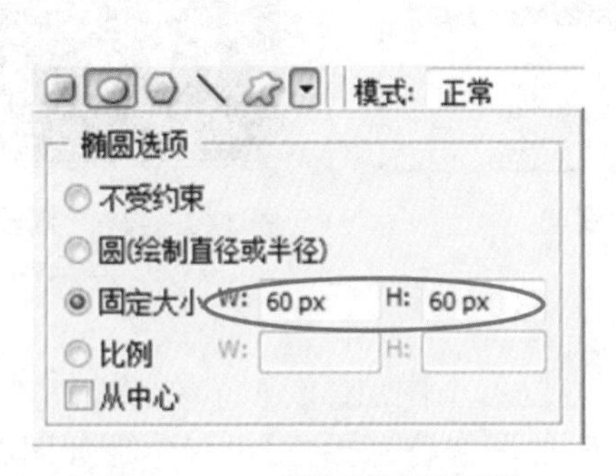

图 2-1-45 “椭圆选项”设置

图 2-1-46 正圆效果

步骤2：为“HOME 键”添加渐变叠加效果，参数如图 2-1-47 所示，单击确定后效果如图 2-1-48 所示。

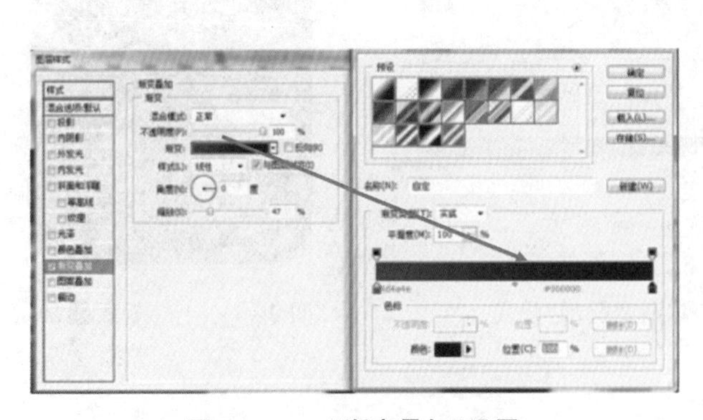

图 2-1-47 “渐变叠加”设置

图 2-1-48 渐变叠加效果

步骤 3：在“HOME 键”图层上面新建一个图层，命名为“home 图标”，然后选择圆角矩形工具，设置其圆角半径为 3 px，其他参数如图 2-1-49 所示，设置完毕单击鼠标，得到如图 2-1-50 所示的小圆角矩形。

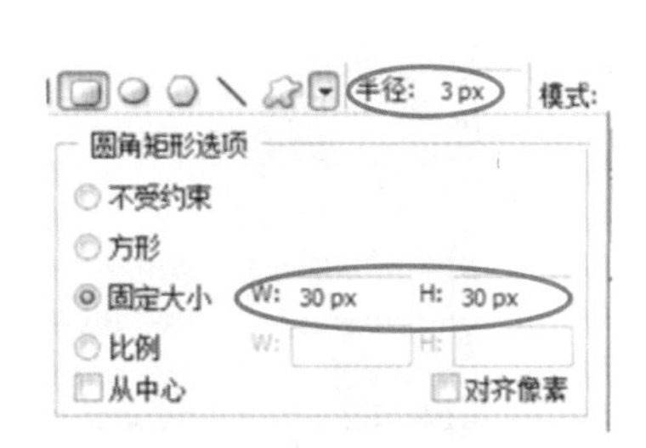

图 2-1-49 “圆角矩形选项”设置

图 2-1-50 圆角矩形效果

步骤 4：对上步骤制作的圆角矩形设置其填充度为 0% 填充: 0% ，然后为其添加描边效果，参数设置如图 2-1-51 所示，确定后效果如图 2-1-52 所示，到此“HOME 键”制作完成。

图 2-1-51 描边设置

图 2-1-52 描边效果

（七）贴屏

步骤1：打开一幅从网上下载的素材，如图2-1-53所示。

步骤2：将素材复制，然后贴入到合适的位置（注意贴入的图层需要介于机身层和反光层中间），贴入的效果如图2-1-54所示，到此，手机的制作基本全部完成，如果看着整体有不合适的地方还可以进行微调。

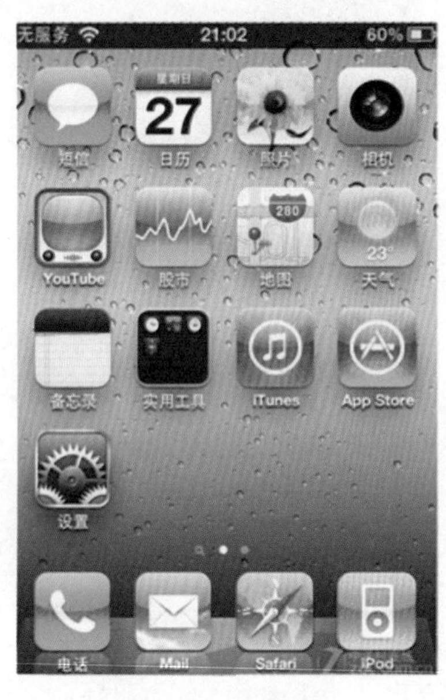

图2-1-53　素材

图2-1-54　贴入素材后效果

（八）倒影与背景制作

步骤1：选择最上层，然后按"Ctrl+Alt+Shift+E"组合键将所有可见层盖印，得到一个盖印层，如图2-1-55所示。

步骤2：选中盖印层，按"Ctrl+J"组合键将盖印层复制，得到盖印层副本，并将该层命名为"倒影"。将倒影层垂直翻转，并调整位置，得到效果如图2-1-56所示。

图 2-1-55　盖印图层

图 2-1-56　制作“倒影”

步骤 3：将倒影层中的“HOME 键”消除屏幕效果图，如图 2-1-57 所示，取消选区。

步骤 4：给倒影层创建图层蒙版，如图 2-1-58 所示，设置前景为白色，背景为黑色，然后选择渐变工具，从上到下垂直做线性渐变，得到 2-1-59 所示的效果。

步骤 5：选中背景层，制作一个合适的背景，得到最终效果。

图 2-1-57　消除选区

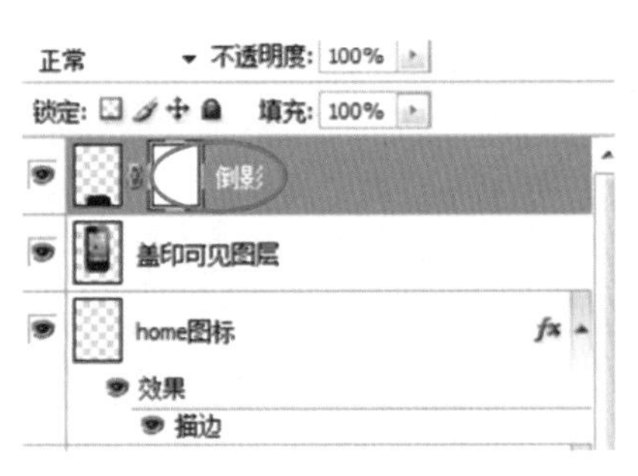

图 2-1-58　创建蒙版

图 2-1-59　渐变后效果

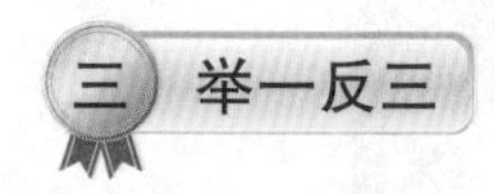

三 举一反三

制作出荣耀 6A 手机屏幕效果图，如图 2-1-60 所示。

图 2-1-60　荣耀 6A 屏幕效果

任务 2　制作手机天气界面

一 任务目标

该任务在前面任务 1 的基础上为界面添加天气效果。主要采用椭圆、圆角矩形、矩形等工具结合制作云彩和太阳的形状，然后在此基础上制作晴天、雨天、雪天等不同天气的标志，再采用图层样式命令为图像添加渐变叠加、描边、投影等效果。最后采用文本工具输入文本，效果如图 2-2-1 所示。

图 2-2-1　效果图

二　任务实施

步骤 1：打开任务 1 中制作的手机源文件，根据需要，将不需要显示的内容隐藏，然后在合适的位置创建一个图层组，命名为“天气图标”，如图 2-2-2 所示（为了方便操作，以后针对任务 2 所创建的图层均放在这个图层组里）。

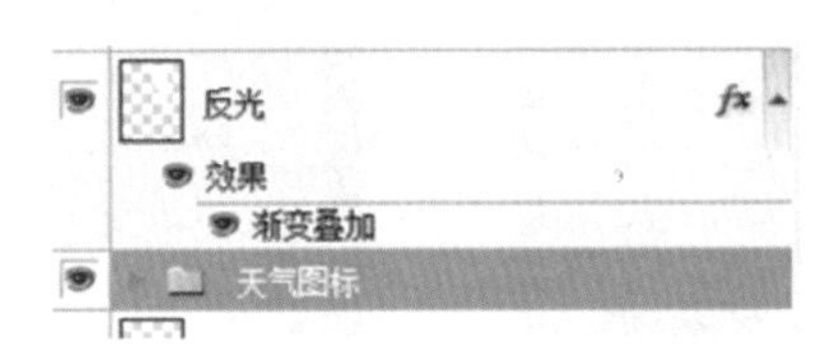

图 2-2-2　创建天气图标组

步骤 2：设置前景色为#028784，选择矩形选框工具，设置其参数如图 2-2-3 所示，设置好矩形工具，在合适的位置单击，得到如图 2-2-4 所示的形状图层。

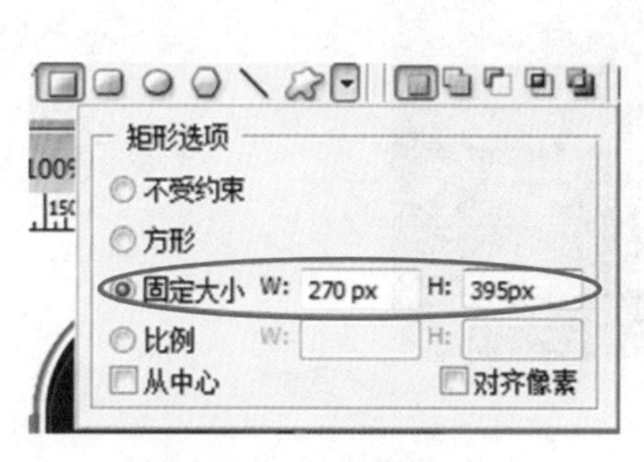

图 2-2-3 “矩形选项”设置

图 2-2-4 矩形选项效果

步骤 3：将步骤 2 创建的形状图层栅格化，然后创建一个新的图层命名为“白云”，用椭圆工具绘制几个正圆，效果如图 2-2-5 所示。

步骤 4：选择矩形工具，在合适的位置创建一个矩形，最后得到白云效果，如图 2-2-6 所示。

图 2-2-5 绘制正圆

图 2-2-6 白云效果

步骤5:在白云层的下面新建一个图层命名为“太阳”,选择多边形工具,设置其参数如图2-2-7所示,设置完毕绘制如图2-2-8所示的太阳。

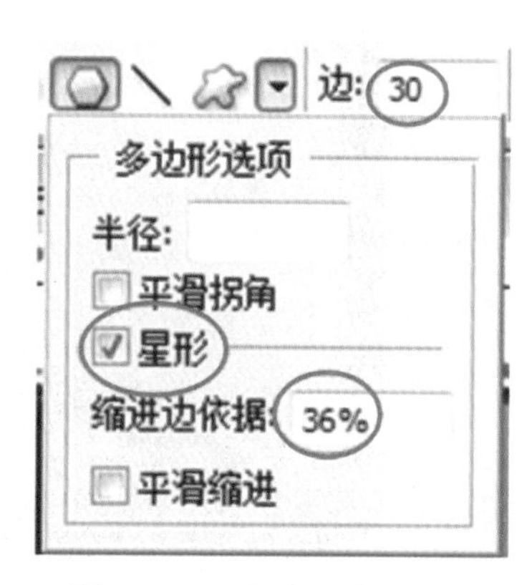

图2-2-7　多边形选项设置

图2-2-8　太阳效果

步骤6:对太阳和白云进行描边、美化处理,并且调整位置,得到如图2-2-9所示的效果。

步骤7:选择文本工具输入文字,如图2-2-10所示。

图2-2-9　处理后效果

图2-2-10　输入文字

步骤 8:将前景色设置为#e89700,选择矩形工具,设置其参数如图 2-2-11 所示,然后单击,得到一个矩形形状图层,调整其位置,效果如图 2-2-12 所示。

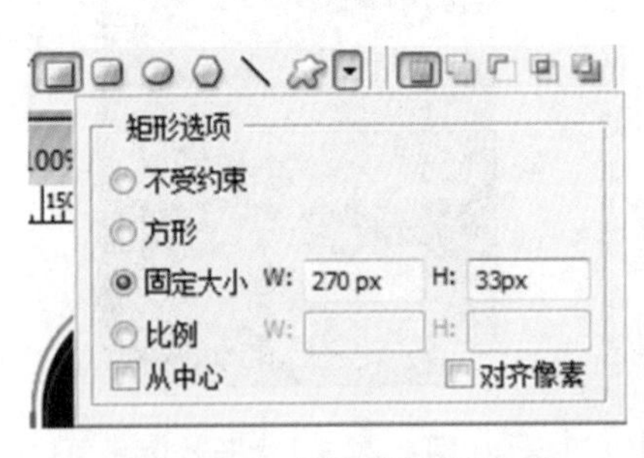

图 2-2-11 “矩形选项”设置

图 2-2-12 矩形选项效果

步骤 9:为了将上步所得到的矩形美化,可以制作出如图 2-2-13 所示的三角形队列,然后用魔棒工具选中白色,按“Delete”键删除,得到如图 2-2-14 所示的效果。

步骤 10:再绘制一个等边三角形放在合适的位置,如图 2-2-15 所示。

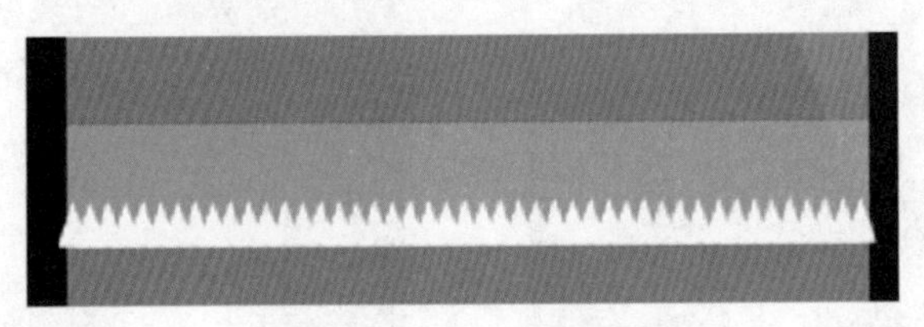
图 2-2-13 制作三角形队列

图 2-2-14　删除白色后效果

图 2-2-15　绘制等边三角形

步骤 11：设置前景色为#696e2c，再次选择矩形工具，设置其参数如图 2-2-16 所示，然后使用设置好的工具单击，得到一个矩形形状图层，调整位置如图 2-2-17 所示。

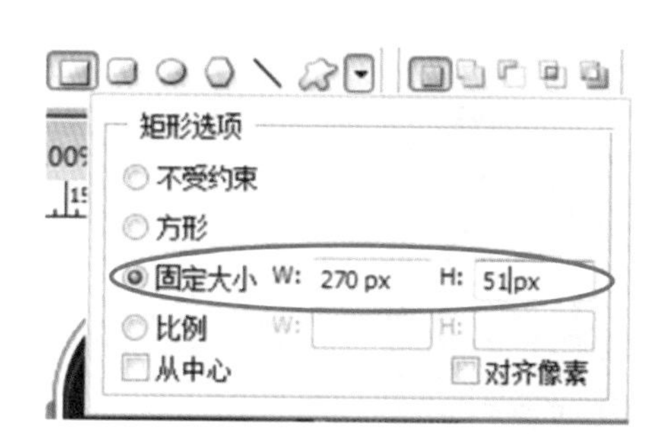

图 2-2-16　矩形选项设置

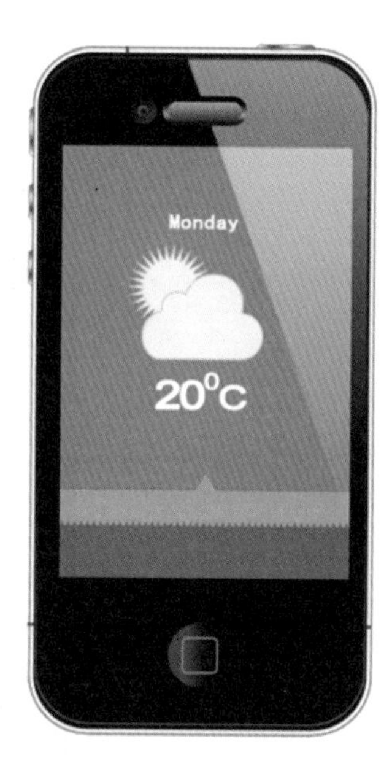

图 2-2-17　矩形效果

步骤 12:对刚刚创建的绿色的矩形添加投影效果,参数设置如图 2-2-18 所示,单击确定后效果如图 2-2-19 所示。

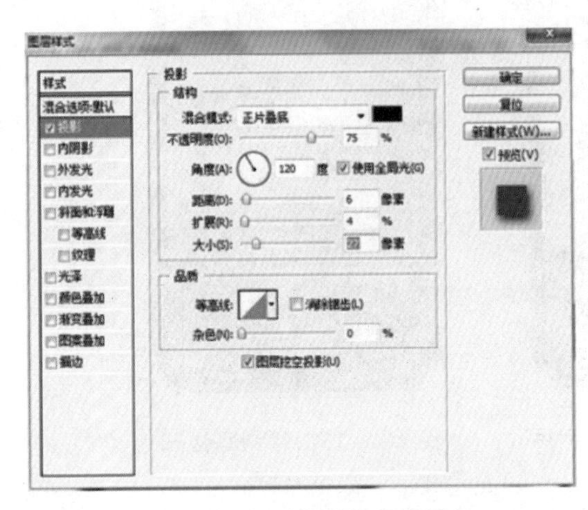

图 2-2-18　投影效果设置

图 2-2-19　投影效果

步骤 13:将绿色矩形均分成 5 份,如图 2-2-20 所示(均分过程不再详述,读者自己摸索)。

步骤 14:制作不同的天气图标,放在合适的位置,并输入文字,得到最终效果。

图 2-2-20　矩形平分

1. 制作苹果手机播放器,效果如图 2-2-21 所示。

图 2-2-21　苹果手机播放器效果图

实训三

影楼照片处理

Photoshop 在影楼照片处理方面的作用非常大,其主要用于后期图片的细节处理,比如影楼后期的设计,后期人物的照片的改善,作用是使照片更美观。其另一个作用就是制作各种各类的照片模板。由于篇幅有限,在本项目就 Photoshop 在人物细节处理和设计模板方面进行简单展示。

项目导读

本项目主要就如何进行人物细节处理和照片模板的设计进行简单描述,综合运用 photoshop 所学的技能和操作。

学习目标

1. 掌握对影楼后期照片细节处理的方法。
2. 掌握照片模板的设计理念和方法。

任务 1 对人物细节处理

一 任务目标

对人物的细节处理,首先对人物脸部磨皮,然后调整整体效果。素材见图 3-1-1,效果如图 3-1-2 所示。

图 3-1-1　原图素材

图 3-1-2　效果图

二 任务实施

人物脸部磨皮有很多种方式,根据每个人掌握的技术情况不一样,使用的方法也不一样。一种是基础的方式,用高斯模糊滤镜模糊皮肤,用蒙版控制范围,去掉较为明显的杂色及瑕疵,用涂抹工具处理细小的瑕疵及加强五官等部位的轮廓,最后再进行整体美白及润色。利用高斯模糊滤镜把人物图片整体模糊处理,然后用图层蒙版控制好模糊的范围即需要处理的皮肤部分,这样可以快速消除皮肤部分的杂色及瑕疵。如果一次模糊后还不够光滑,可以盖印图层,适当多模糊一点,再用蒙版控制好皮肤范围,直到满意为止。这种方式比较简单明了,操作上必须有足够的耐心和细心。

另一种方式是使用滤镜,美化皮肤的滤镜有很多,比如美艳滤镜、磨皮滤镜,等等,本项目就参考使用磨皮滤镜美化皮肤,快捷方便。

步骤 1:将“磨皮滤镜”解压缩之后安装到 Photoshop 软件安装目录的 Plug-Ins 目录下。

步骤 2:打开素材图片,把背景图层复制一层,得到“背景拷贝”图层,如图 3-1-3 所示。

图 3-1-3　背景拷贝

步骤 3：选择修复画笔工具、修补工具，修复一下美女脸上痘痘，印痕之类的瑕疵，如图 3-1-4 所示。

图 3-1-4　修复瑕疵

步骤 4：将人物皮肤部分使用套索工具选择出来，羽化半径 10 px，如图 3-1-5 所示。

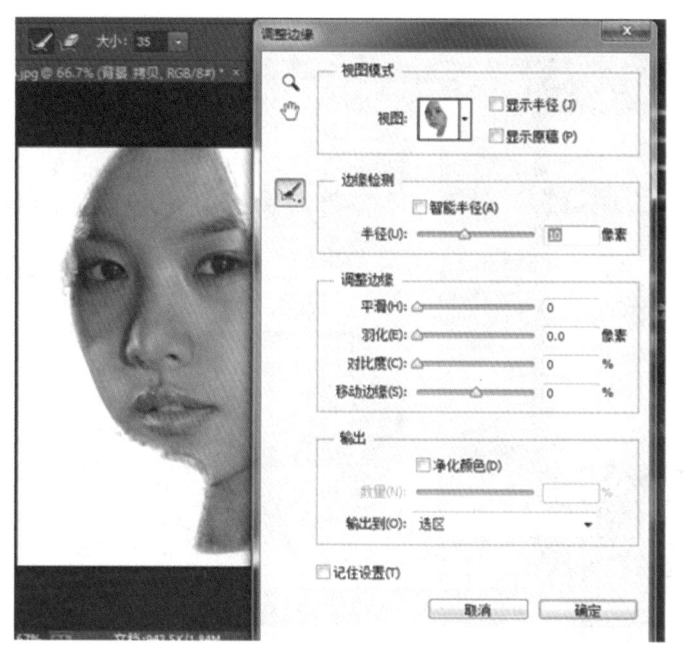

图 3-1-5 “调整边缘”设置

步骤 5：选择打开“磨皮滤镜”，如图 3-1-6 所示。

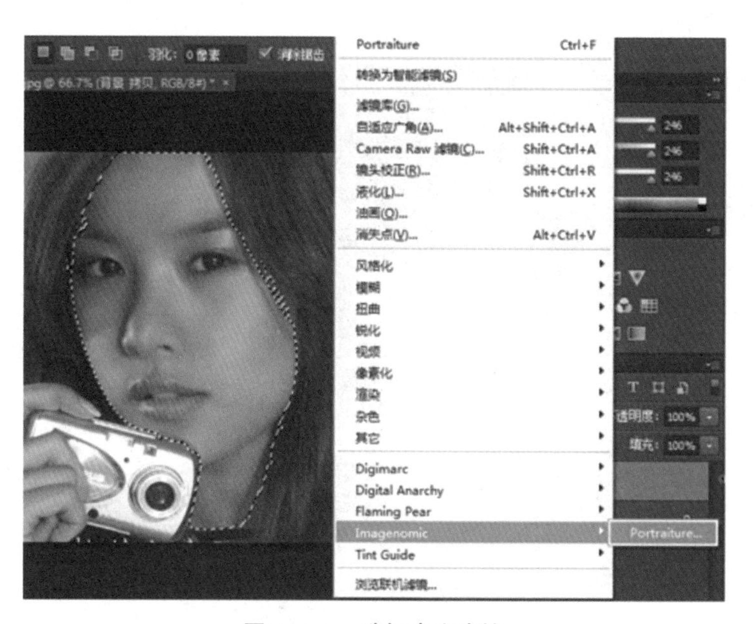

图 3-1-6 选择磨皮滤镜

步骤 6：打开“磨皮滤镜”，选择“平滑：正常”模式，参数和效果如图 3-1-7 所示。

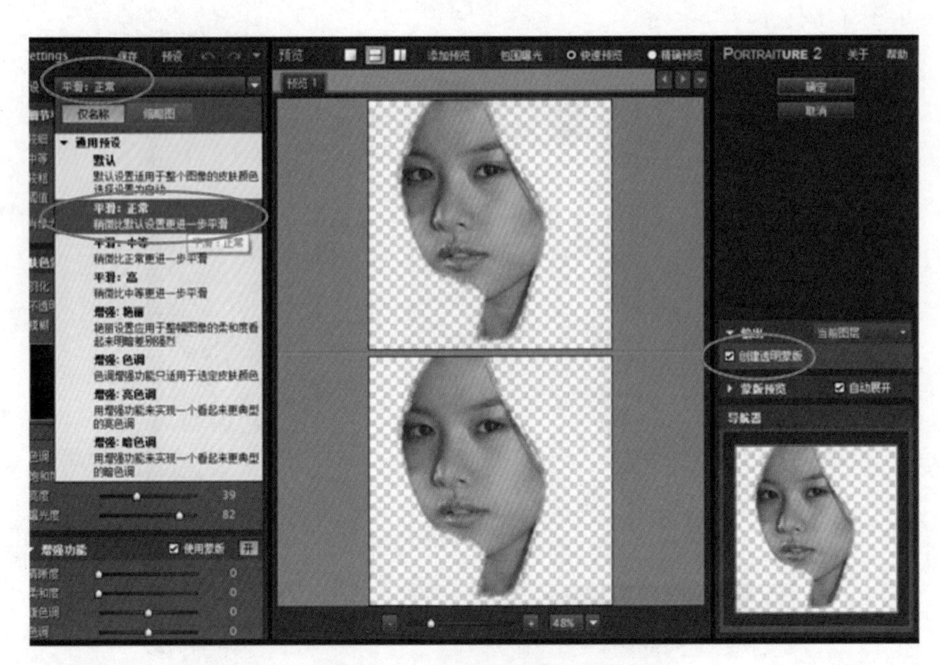

图 3-1-7 **“磨皮滤镜”设置**

步骤 7:然后添加蒙版层,设置前景色为黑色,将嘴唇、眉毛、睫毛头发等不需要磨皮的部位擦出来,如图 3-1-8 所示。

图 3-1-8 **添加蒙版**

步骤 8:新建图层,盖印图层(按“Ctrl + Alt + Shift + E”组合键),同时设置不透明度 64%,如图 3-1-9 所示。

图 3-1-9　盖印图层

步骤 9：然后添加蒙版层，设置前景色为黑色，将黑色头发部位擦出来，如图 3-1-10 所示。

图 3-1-10　添加蒙版层

步骤10：新建图层，盖印图层（按"Ctrl + Alt + Shift + E"组合键），在盖印好的新图层上执行"滤镜→锐化→智能锐化"命令，参数如图3-1-11所示。

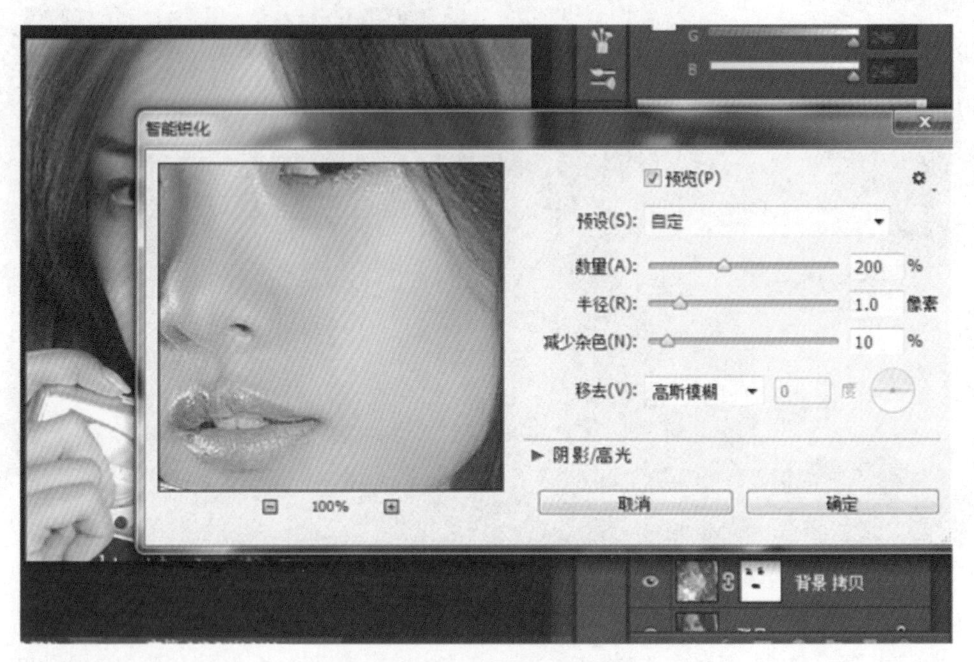

图3-1-11 "智能锐化"设置

步骤11：创建色彩平衡调整图层，调整红色，参数如图3-1-12所示。

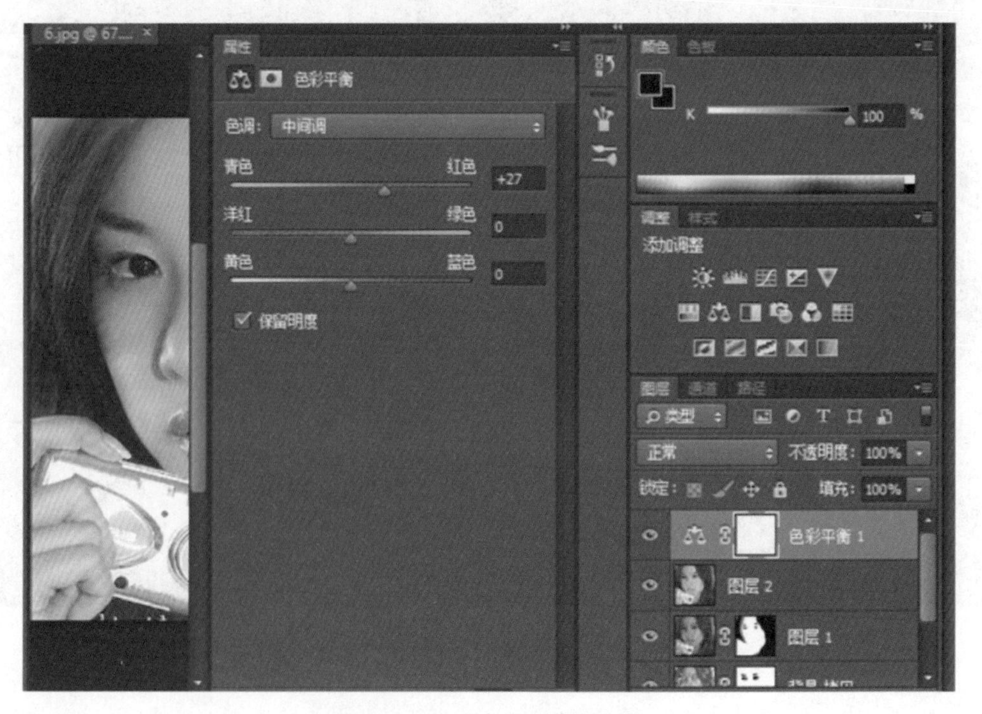

图3-1-12 "色彩平衡"调整

步骤 12：用黑色画笔把皮肤以外的部分擦掉，如图 3-1-13 所示。

图 3-1-13　擦掉多余部分

步骤 13：新建图层，盖印图层（按“Ctrl + Alt + Shift + E”组合键），在盖印好的新图层上执行“滤镜→其他→自定”命令，参数设置如图 3-1-14 所示。

图 3-1-14　“自定滤镜”设置

步骤 14：对盖印图层执行渐隐自定，如图 3-1-15 所示。

图 3-1-15　选择“渐稳自定”

步骤 15：渐隐不透明度设置 60%，如图 3-1-16 所示，将图层不透明度降低，如图 3-1-17 所示。添加蒙版层，用黑色画笔将有些不需要锐化的部位擦出来，效果如图 3-1-18 所示。

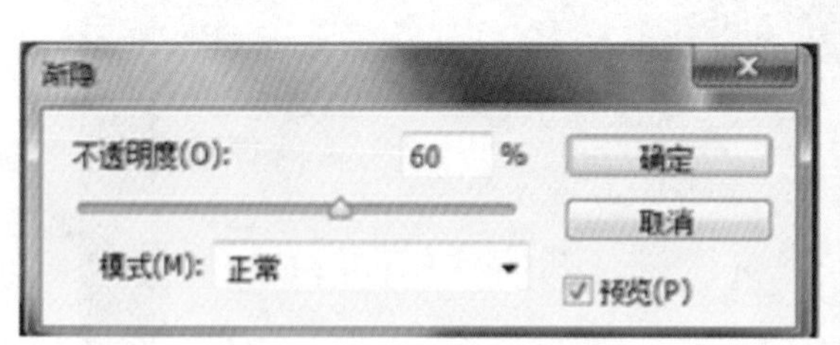

图 3-1-16　“渐隐”设置

图 3-1-17　“降低不透明度”设置

图 3-1-18　效果图

步骤 16:新建图层,盖印图层,给肌肤增加光感,按“Ctrl+Alt+2”组合键调出高光选区,选择菜单“选择→修改→收缩”,收缩适当大小即可,如图 3-1-19 所示,羽化选区,如图 3-1-20 所示。在新建图层中填充白色,将图层模式设置为“柔光”,如图 3-1-21 所示,不透明度设置为 40%,如图 3-1-22 所示。

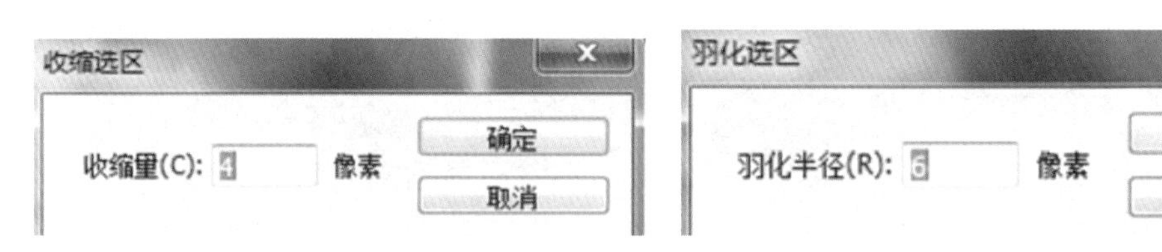

图 3-1-19　“收缩选区”设置　　　　图 3-1-20　“羽化选区”设置

图 3-1-21　选择图层柔光模式

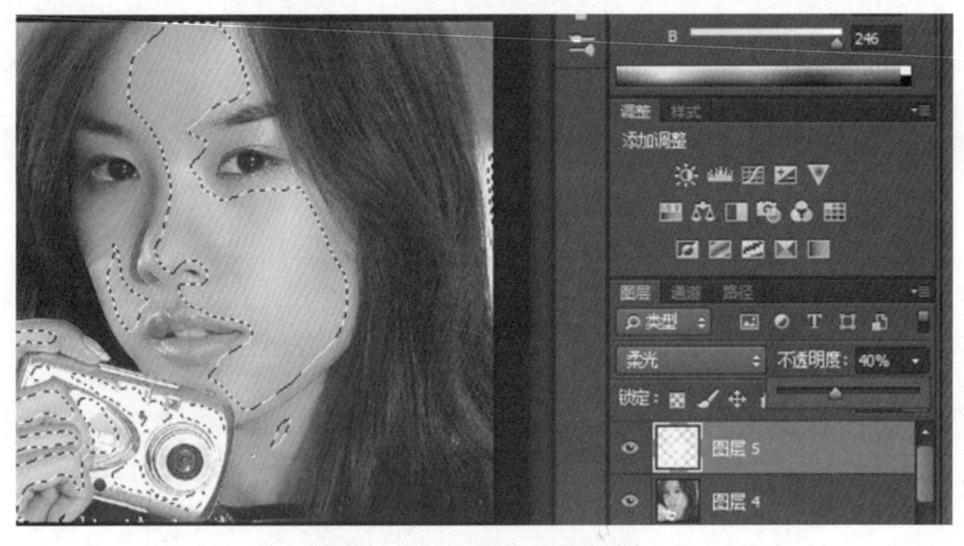

图 3-1-22　图层不透明度设置

步骤 17：新建图层，盖印图层，创建可选颜色调整图层，设置参数如图 3-1-23，效果如图 3-1-24 所示。

图 3-1-23　“可选颜色”设置　　图 3-1-24　设置后效果

步骤 18：新建图层，盖印图层，创建可选颜色调整图层，设置参数如图 3-1-25 所示。同时用黑色画笔将头发以外的部位擦出来，如图 3-1-26 所示。

图 3-1-25　“可选颜色”设置

图 3-1-26　用画笔调色

步骤 19：新建图层，盖印图层，另新建空白图层，填充颜色为#c57f8b，图层模式设置为“柔光”，按“Alt”键建立蒙版，如图 3-1-27 所示，同时用白色画笔将脸部擦除，给人物添加腮红，如图 3-1-28 所示。

图 3-1-27　建立蒙版层

图 3-1-28　“腮红”制作

步骤 20：新建图层，盖印图层，使用钢笔工具，勾画出嘴唇部位，并转为选区，如图 3-1-29 所示。羽化 5 像素，另新建图层，填充颜色#aa5765，并设置图层模式为“柔光”，不透明度为 60%，使人物嘴唇红润自然一些，如图 3-1-30 所示。

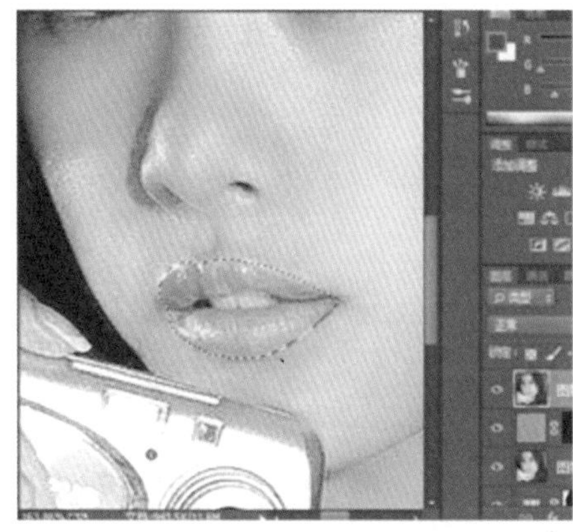

图 3-1-29　勾画选区

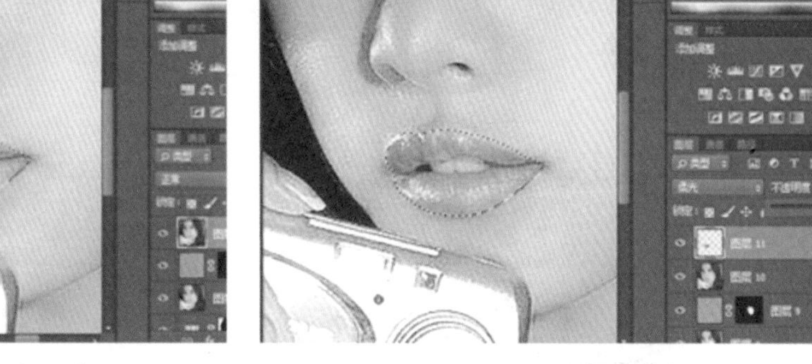

图 3-1-30　嘴唇上色

步骤 21：新建图层，盖印图层。创建曲线调整图层，参数如图 3-1-31 所示。完成最终效果。

图 3-1-31　调整曲线

三　举一反三

处理人物细节，素材见图 3-1-32，效果如图 3-1-33 所示。

图 3-1-32　素材图

图 3-1-33　效果图

提示:先对人物进行分析,首先将脸部的瑕疵修复,然后使用磨皮滤镜对人物磨皮,最后对人物细节微调,眼影、嘴唇、腮红等细节处理。

任务 2　照片模板设计

一　任务目标

Photoshop 在影楼图像处理方面的作用除了美化人物细节外,另一个重要的作用就是照片模板设计。照片模板主要是根据不同人群把相关照片进行艺术加工,制作出独具匠心、可多次使用的模板。照片模板根据年龄的不同,又可分为儿童照片模板、青年照片模板、中年照片模板和老年照片模板;还可以根据模板的设计形式分为古典型模板、神秘型模板、豪华型模板等;同时根据使用用途的不一样,还可以分为婚纱照片模板、写真照片模板、个性照片模板等。

照片模板设计形式不一,主题颜色要根据拍摄的一组照片的基调来定,本项目就以儿童照片模板的设计为例,进行单个模板的设计。

本项目使用矩形选框工具、渐变工具等制作背景,使用添加图层蒙版命令编辑照片和边框,使用横排文字工具添加文字,使用移动工具添加素材图片,最终完成儿童照片模板的设计。

素材如图 3-2-1 至 3-2-7 所示,效果如图 3-2-8 所示。

图 3-2-1　素材 1　　　图 3-2-2　素材 2

图 3-2-3　素材 3

图 3-2-4　素材 4

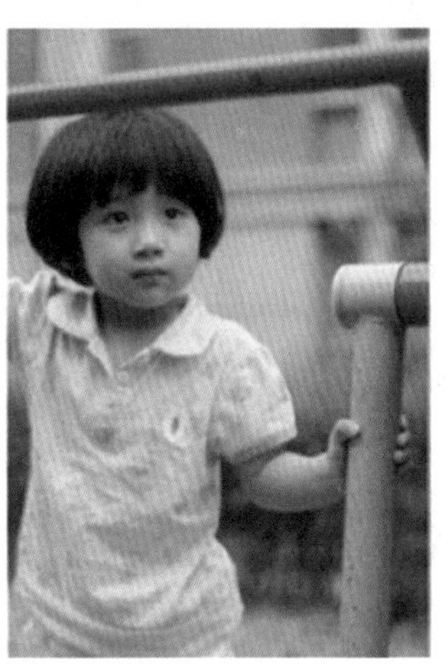

图 3-2-5　素材 5

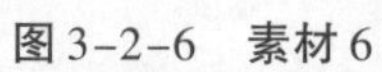

图 3-2-6　素材 6

图 3-2-7　素材 7

图 3-2-8　最终效果图

二　任务实施

步骤 1:新建文档,大小为 1169 * 872 像素,分辨率为 100,制作背景,将前景色设置为

#d5f7bf,背景色设置为#359a93,选择渐变工具,选择前景色到背景色渐变,制作渐变效果的背景图,效果如图 3-2-9 所示。

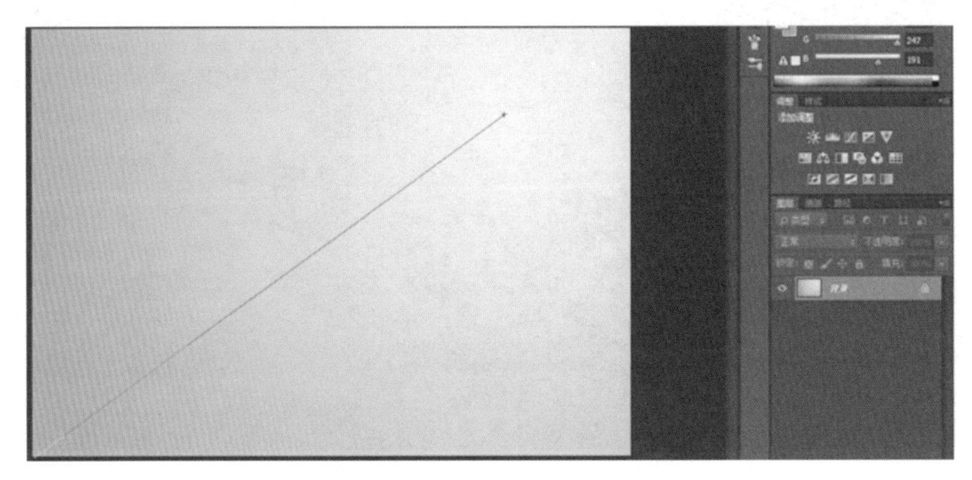

图 3-2-9　制作渐变背景

步骤 2:创建曲线调整图层,参数如图 3-2-10 所示。

图 3-2-10　“调整曲线”设置

步骤 3:在曲线调整图层的图层蒙版中画如图 3-2-11 所示大小的矩形选框。

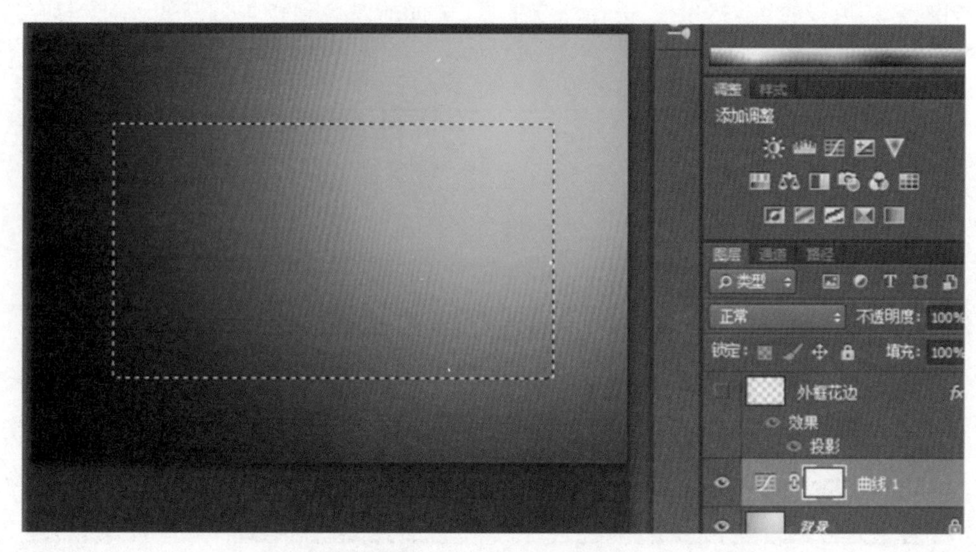

图 3-2-11　创建矩形

步骤 4:对矩形选框羽化,羽化参数如图 3-2-12 所示,羽化后填充黑色,效果如图 3-2-13 所示。

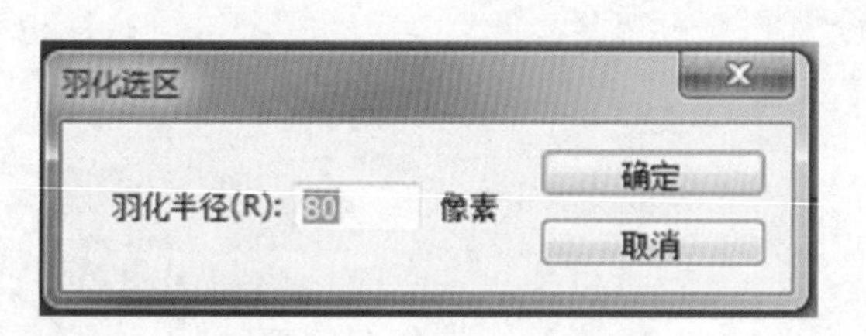

图 3-2-12　“羽化选区”设置

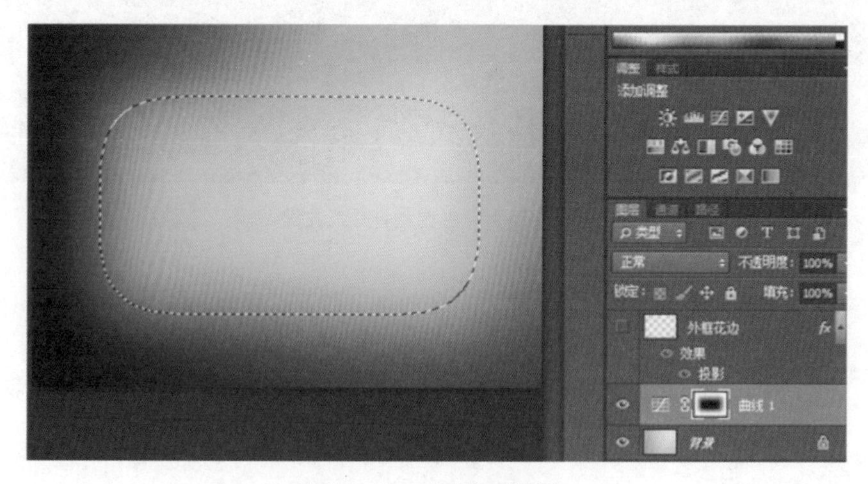

图 3-2-13　羽化后效果

步骤5：导入素材1，将图层模式改为“明度”，如图3-2-14所示。

图3-2-14　导入“素材1”设置

步骤6：对图层更改名字为“外框花边”，同时设置图层样式“投影”，具体参数如图3-2-15所示。

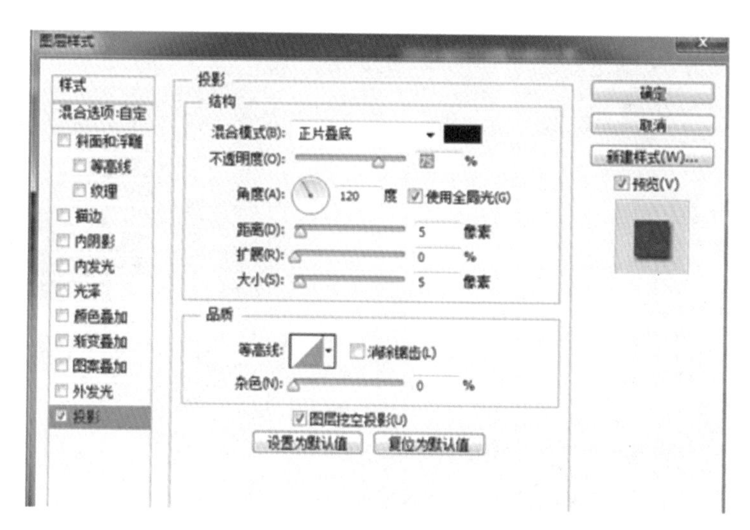

图3-2-15　“投影”样式设置

步骤7：导入素材2，设置图层模式为“明度”，同时调整素材1的大小和位置，同时更改图层名称为“照片花边1”，如图3-2-16所示。

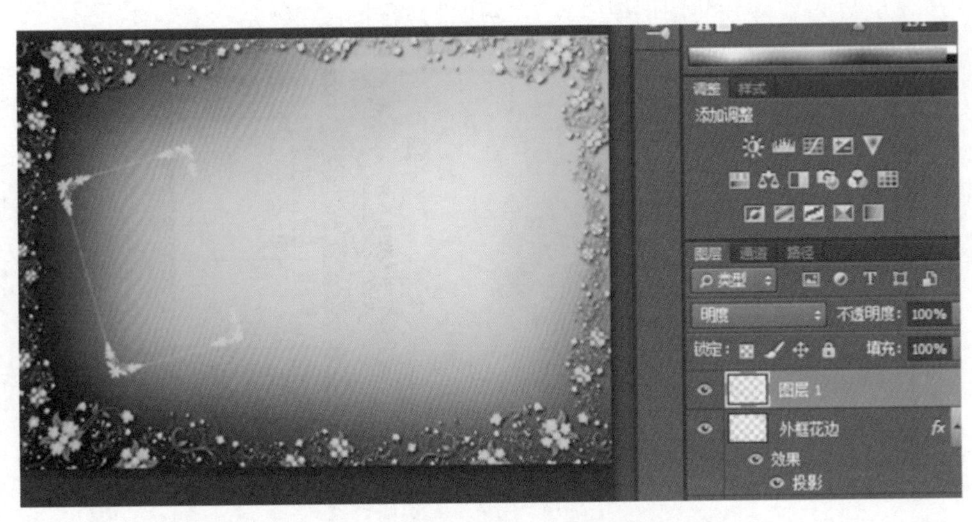

图 3-2-16　导入“素材 2”设置

步骤 8:导入素材 5,调整照片的大小和位置,并放置于“照片花边 1”图层下方,同时更改图层名称为“照片 1”,如图 3-2-17 所示。

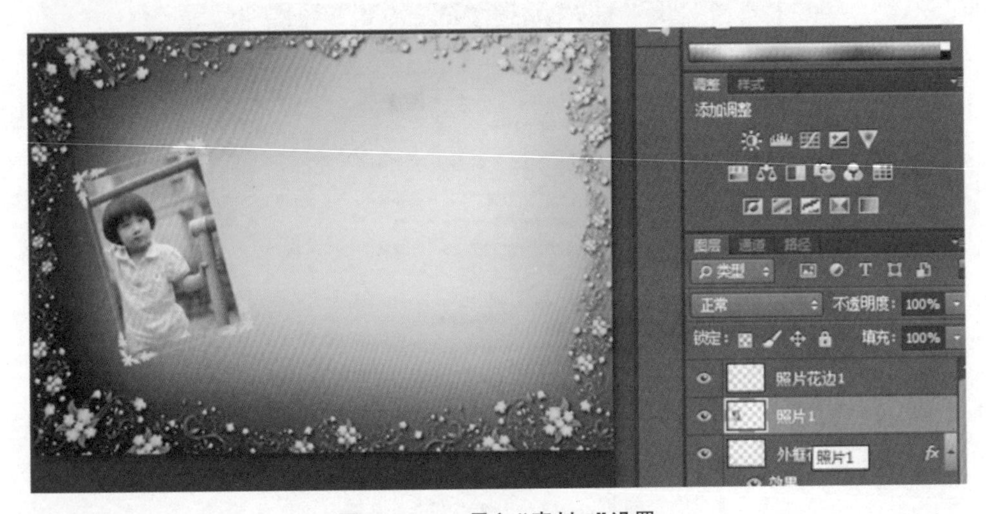

图 3-2-17　导入“素材 5”设置

步骤 9:对“照片 1”图层设置图层样式,让照片有立体的效果,参数如图 3-2-18 所示。

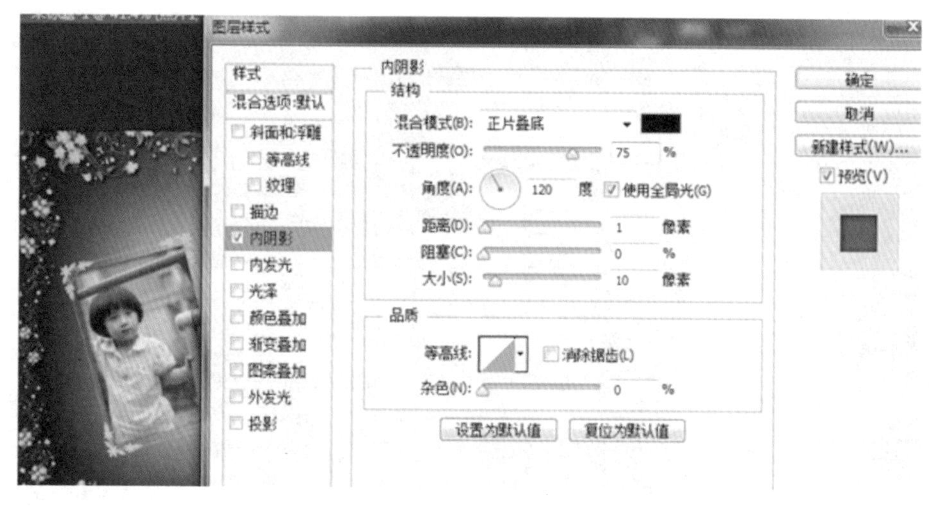

图 3-2-18 “内阴影”样式设置

步骤 10：导入素材 3，将花放置合适的位置，同时更改图层名称为“花”，如图 3-2-19 所示。

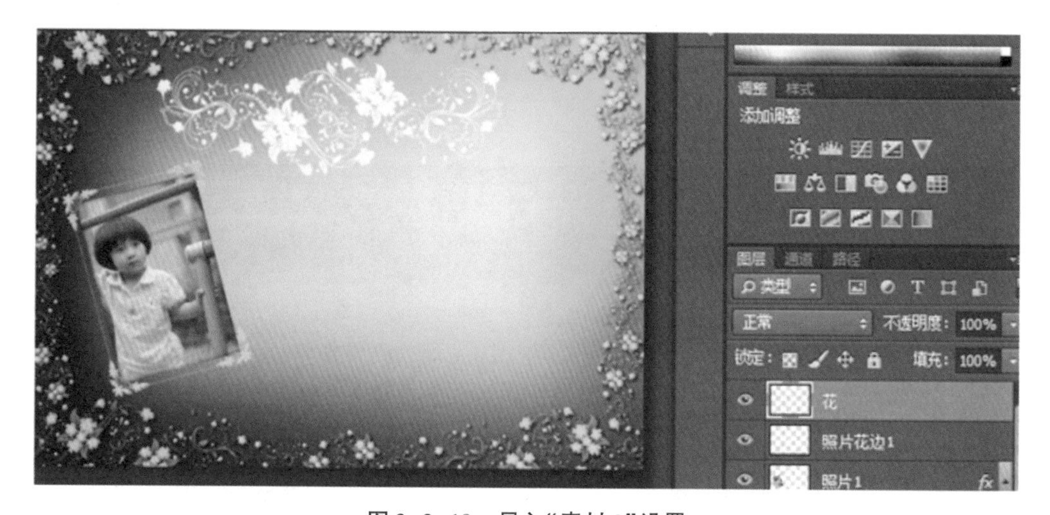

图 3-2-19 导入“素材 3”设置

步骤 11：新建图层，选择自定义形状工具，如图 3-2-20 所示，选择圆形。

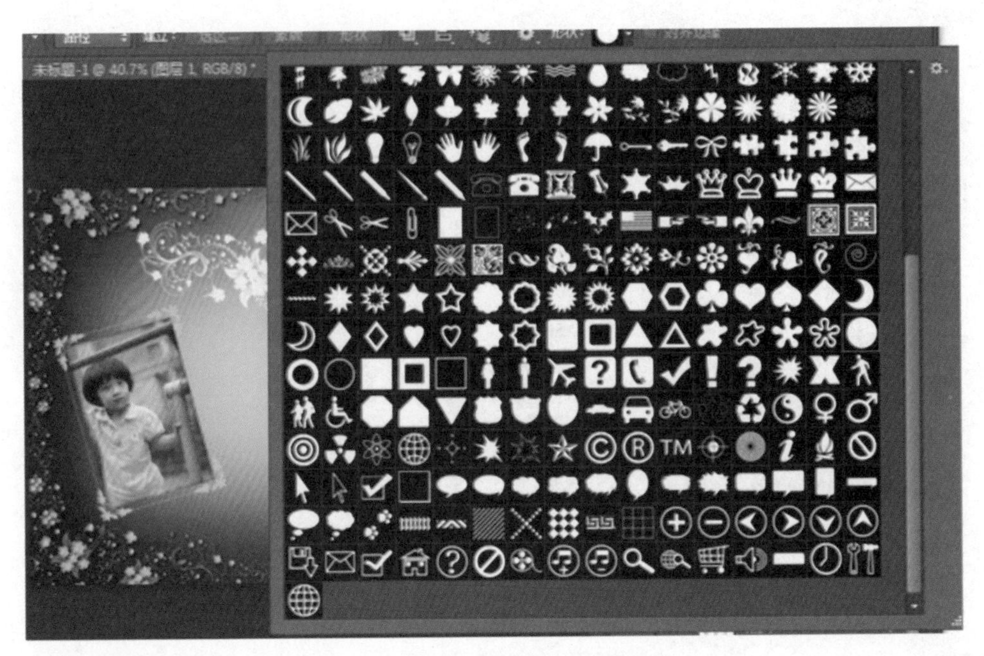

图 3-2-20 “自定义形状”工具设置

步骤 12:在合适的位置画圆形,并转为选区,同时使用黑色填充,将图层改为“图形 1”,如图 3-2-21 所示。

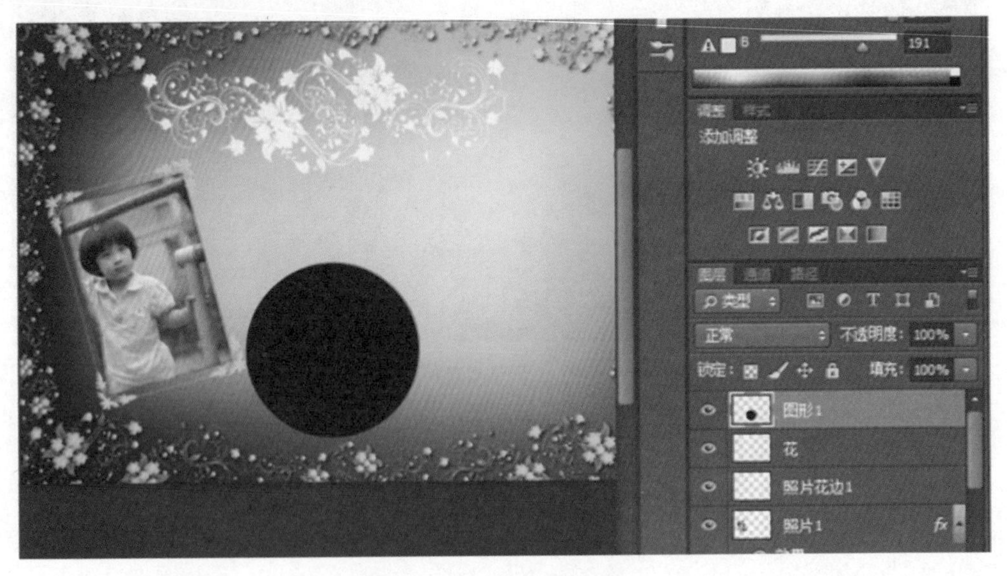

图 3-2-21 建立圆形图层

步骤 13:使用同样的方法画如图 3-2-22 所示的图形,图层为“图形 2”。

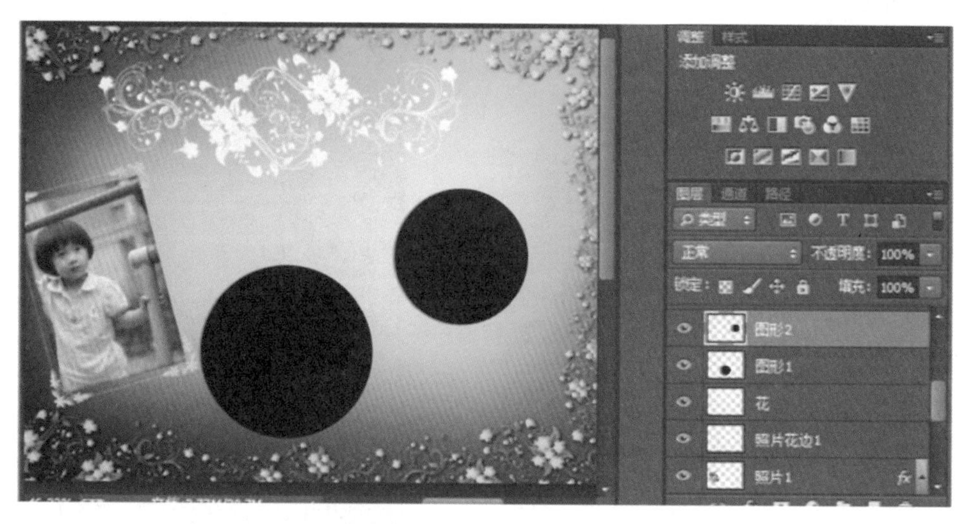

图 3-2-22　建立圆形 2 图层

步骤 14:导入“素材 6、素材 7”,并将对应的图层更改为“照片 2、照片 3”,如图 3-2-23 所示。

图 3-2-23　新建照片图层

步骤 15: 将“照片 2”图层放置于“图形 1”图层上方,将“照片 3”图层放置于“图形 2”图层上方,并对“照片 2 图层”“创建剪切蒙版”,如图 3-2-24 所示。

图 3-2-24　创建剪切蒙版

步骤 16：调整“照片 2”图层的大小和位置，如图 3-2-25 所示。

图 3-2-25　调整“照片 2”图层

步骤 17：同样的方法设置“照片 3”图层，如图 3-2-26 所示。

图 3-2-26　调整“照片 3”图层

步骤 18:在“照片 2”图层上方新建图层,更名为“描边 1”,选中“图形 1”(快捷键“Ctrl+鼠标”),在“描边 1”图层中设置描边,参数如图 3-2-27,同时设置同层不透明度,参数如图 3-2-28 所示。

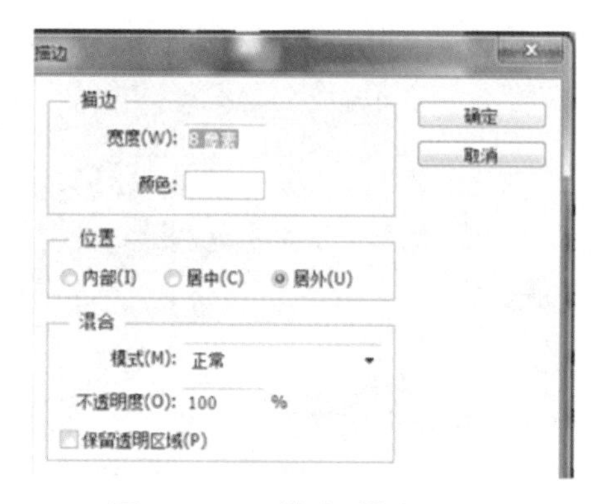

图 3-2-27　描边“描边”设置

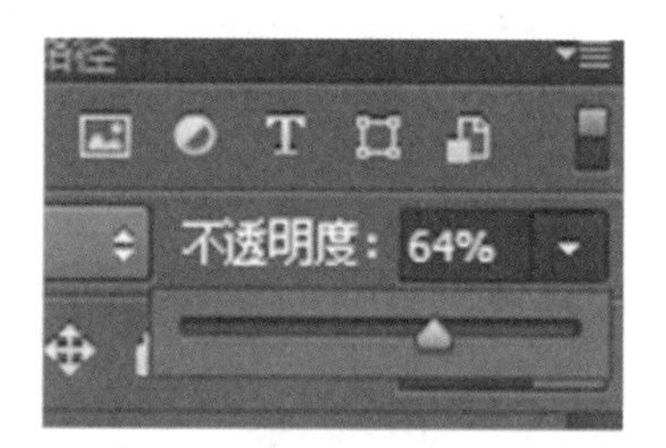

图 3-2-28　“不透明度”设置

步骤 19:使用同样的方法,在“照片 3”图层上方新建图层,更名为“描边 2”,选中“图形 2”(快捷键“Ctrl+鼠标”),在“描边 2”图层中描边,同时设置同层不透明度,如图 3-2-29 所示。

图 3-2-29　“描边 2”图层设置

步骤 20：导入“素材四”，调整大小，放置于合适的位置，并将图层改为“小熊 1”，同时设置图层模式为“滤色”，如图 3-2-30 所示。

图 3-2-30　“小熊 1”图层设置

步骤 21：复制“小熊 1”图层，将图层改为“小熊 2”，调整小熊的大小和位置，如图 3-2-31。

图 3-2-31 “小熊 2”图层设置

步骤 22：新建四个图层，分别输入文字：“童”“真”“童”“趣”，设置字体大小为 84，字体颜色为#7fa000，字体为“方正少儿简体”，如图 3-2-32 所示。

图 3-2-32 字体设置

步骤 23：对“童”“真”“童”“趣”四个图层设置图层样式，设置“描边”“投影”参数如图 3-2-33、3-2-34 所示。效果如图 3-2-35 所示。

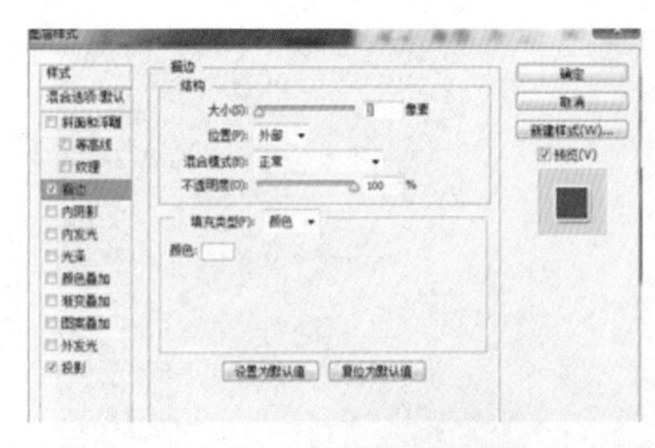

图 3-2-33 字体“描边”设置

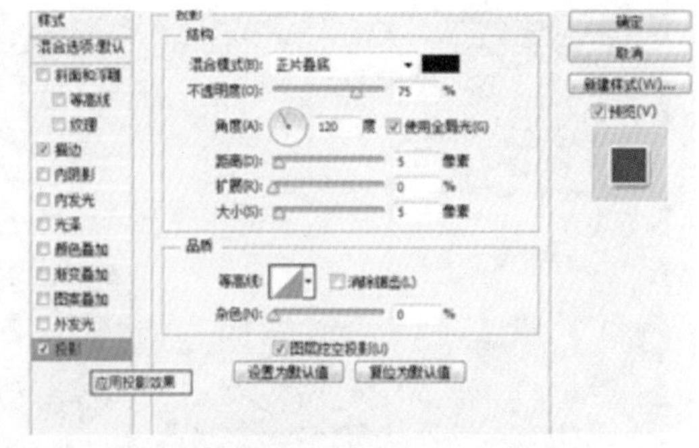

图 3-2-34 字体“投影”设置

图 3-2-35 “描边”和“投影”效果

步骤 24：新建两个图层，分别输入文字“Childhood dream”和“Innocence and Interesting”，并设置合适的字体和大小，设置字体颜色为白色，放置于合适的位置，同时设置“Childhood dream”图层的图层样式“投影”，如图 3-2-36 所示。

图 3-2-36 图层样式设置

步骤25:文件保存,发布。

三 举一反三

设计个人写真照片模板,素材如图3-2-37、3-2-38、3-2-39,效果如图3-2-40所示。

图3-2-37 素材1

图3-2-38 素材2

图3-2-39 素材3

图3-2-40 效果图

提示:先对照片背景进行设计,再加入每张照片,同时对每张照片处理。

实训四

室内外效果图的后期处理

一般来说，效果图的制作，需要多个步骤或软件配合完成。以常见的室内外效果图为例，其制作过程通常分为前期制作和后期处理两个阶段。前期制作主要是建立场景，一般通过3Ds max 等软件完成，最终会得到一张或若干张需要进一步处理的渲染图；后期处理就是对效果图进行后期处理，也就是对渲染图进行丰富补充和修正润色，可以使用 Photoshop 软件进行。

项目导读

Photoshop 可以对各种场景下效果图进行编辑配景制作，并对效果图的色调、饱和度、色相、亮度等进行调节从而达到一种真实完美的效果。

学习目标

1. 掌握室内效果图的后期处理技巧和方法。
2. 掌握室外效果图的后期处理技巧和方法。

室内效果图的后期处理

利用调节色相/饱和度、色调、对比度/亮度、色阶等来进行效果图的处理。素材如图 4-1-1 所示，最终效果如图 4-1-2 所示。

图 4-1-1　原图素材　　　　图 4-1-2　效果图

二 任务实施

步骤 1:打开素材文件“餐厅-通道. tga”和“餐厅. tga”,激活“餐厅. tga”图像窗口,保存为 PSD 文件;双击背景层将背景层转换为普通层“图层 0”;按“Shift”键将“餐厅-通道. tga”的图片拖曳进来,生成图层 1;效果如图 4-1-3 所示。

图 4-1-3　拖入餐厅-通道. tga

步骤 2:在图层 1 中,用魔棒工具选择墙体(绿色),在点击右键选择“选取相似”,选择整个墙体,效果如图 4-1-4 所示。

图 4-1-4　选择墙体

步骤 3:隐藏图层 1,回到图层 0;按下“Ctrl+J”组合键复制出图层 2,放在图层 0 和图层 1 的中间(注意:图层 1 始终放置图层的最上面,便于操作)。按下“Ctrl+B”组合键调整色彩平衡如图 4-1-5 所示;再按下“Ctrl+U”组合键调整色相/饱和度如图 4-1-6 所示。

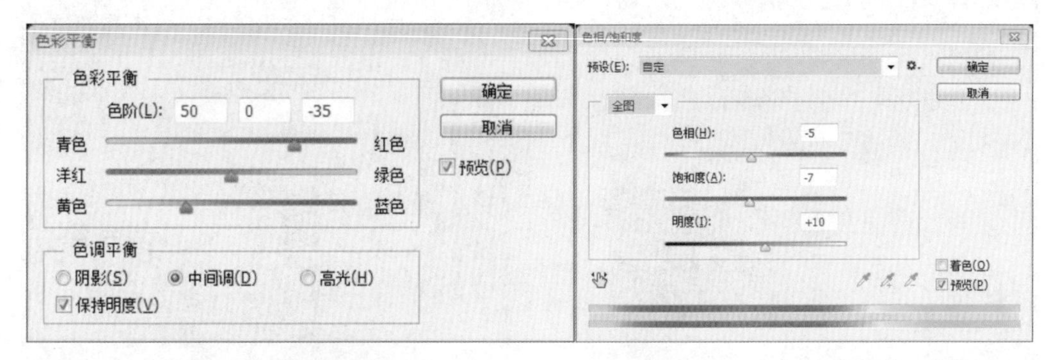

图 4-1-5　“色彩平衡”设置　　　　图 4-1-6　“色相/饱和度”设置

步骤 4:按照步骤 3 的方法选择天花板区域,复制出图层 3,选区如图 4-1-7 所示;按下“Ctrl+M”组合键为图层 3 调整曲线如图 4-1-8 所示。

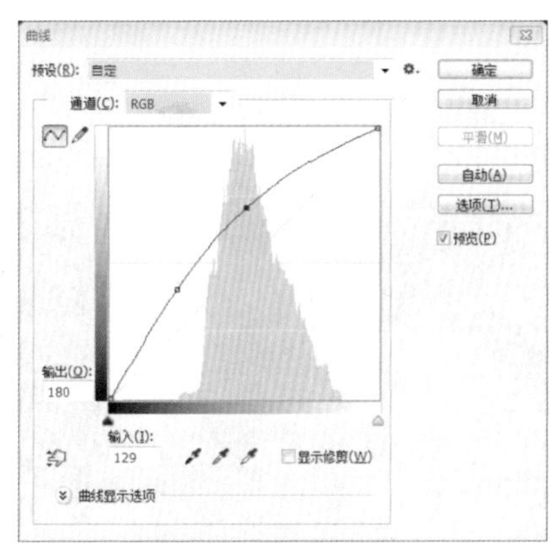

图 4-1-7　选择“天花板”

图 4-1-8　调整曲线对话框

步骤 5:按照步骤 3 的方法选择地砖区域,复制出图层 4,选区如图 4-1-9 所示;按下“Ctrl+B”组合键为其调整色彩平衡,如图 4-1-10 所示;按下“Ctrl+L”组合键再为其调整色阶,如图 4-1-11 所示。

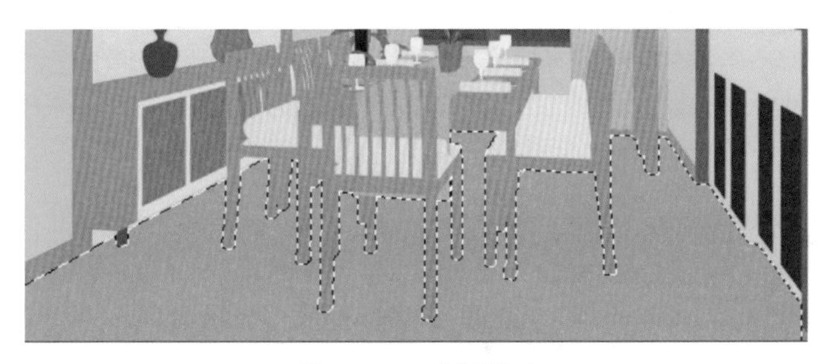

图 4-1-9　选择地砖

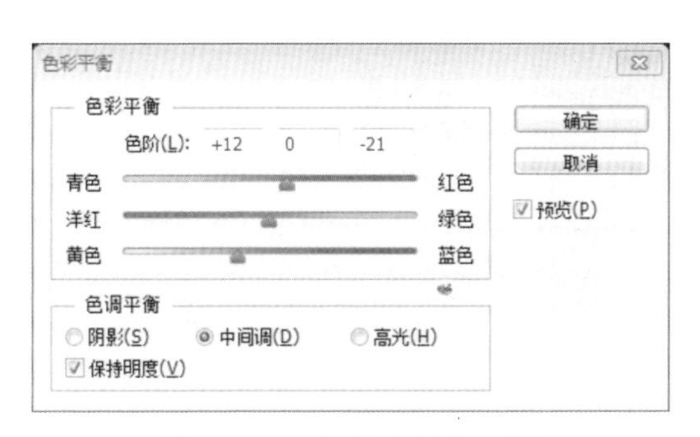

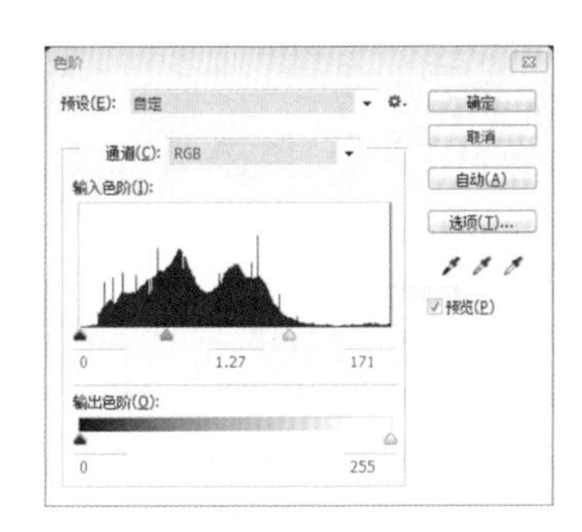

图 4-1-10　“色彩平衡”设置

图 4-1-11　“色阶”设置

步骤 6:按照步骤 3 的方法选择壁纸区域,复制出图层 5,选区如图 4-1-12 所示;执行“滤镜→杂色→添加杂色”命令,如图 4-1-13 所示。

图 4-1-12　选择壁纸

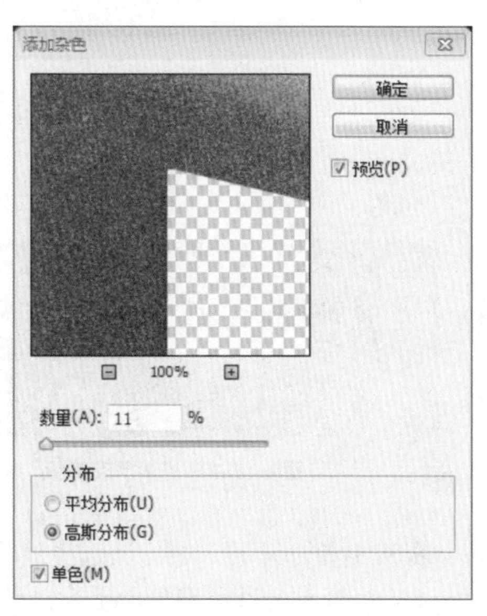

图 4-1-13　“添加杂色”设置

步骤 7:按照步骤 3 的方法选择黑胡桃材质区域(这个区域比较复杂,可以配合“Shift”“Alt”键和套索选区工具进行),复制出图层 6,选区如图 4-1-14 所示;按下“Ctrl+M”组合键调整曲线,如图 4-1-15 所示。

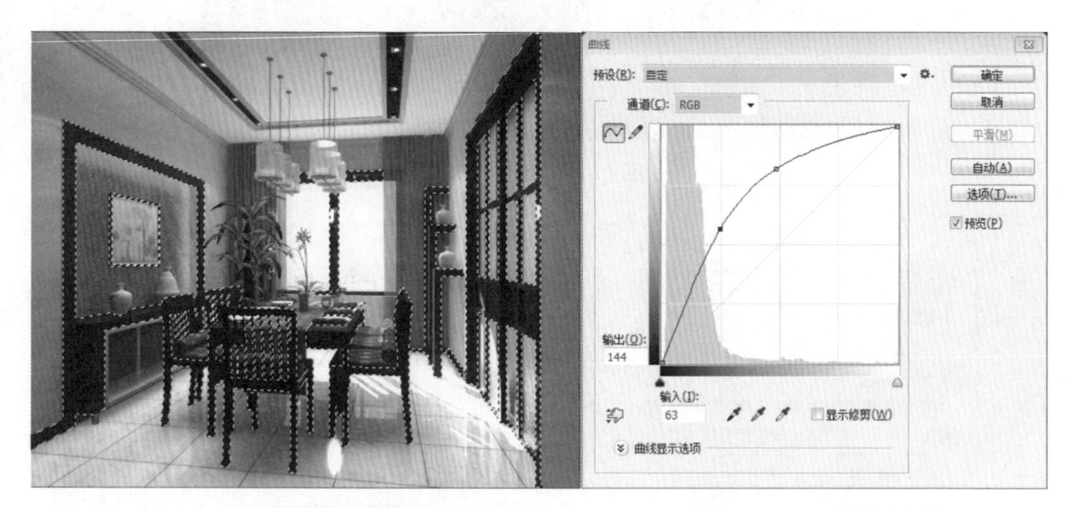

图 4-1-14　选择黑胡桃材质区域　　图 4-1-15　“曲线”设置

步骤 8:按照步骤 3 的方法选择窗帘区域,选区如图 4-1-16 所示,复制出图层 7;按下“Ctrl+B”组合键调整色彩平衡,如图 4-1-17 所示;按下“Ctrl+U”组合键调整色相/饱和度,如图 4-1-18 所示。

步骤 9:导入素材“1. psd”,将其拖曳进来,调整好大小和位置,放置在图层 0 的上面;再在图层 1 中选择玻璃区域,回到图层 8,为其添加图层蒙版,图层不透明度设置为 25%,

效果如图 4-1-19 所示。

图 4-1-16　选择窗帘

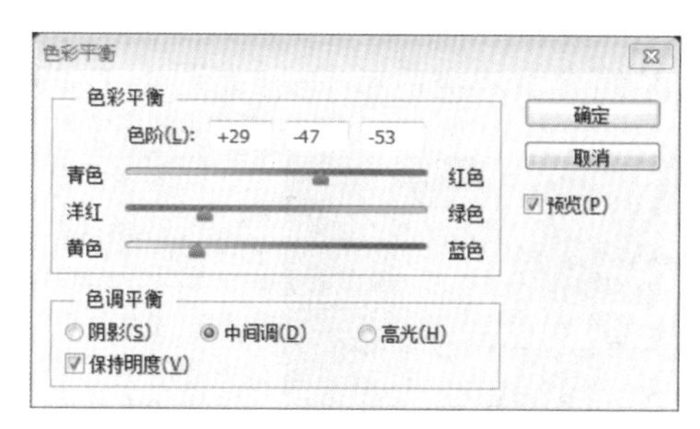

图 4-1-17　“色彩平衡”设置

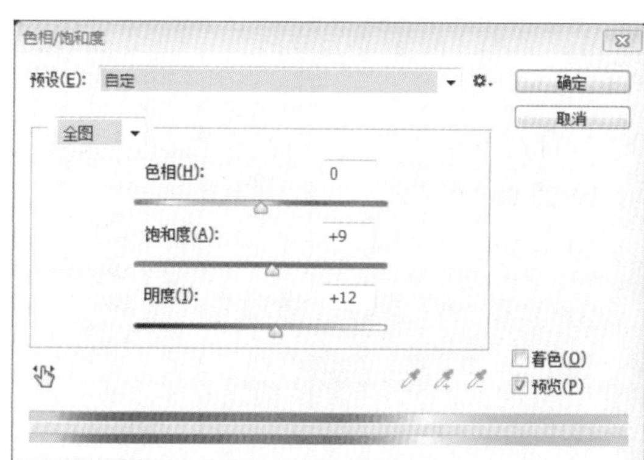

图 4-1-18　“色相/饱和度”设置

图 4-1-19　添加窗外景色

步骤 10：按照步骤 3 的方法选择天花板的收口线区域，复制出图层 8，选区如图 4-1-20 所示；按下“Ctrl+M”组合键调整曲线，如图 4-1-21 所示，将其调亮一些。

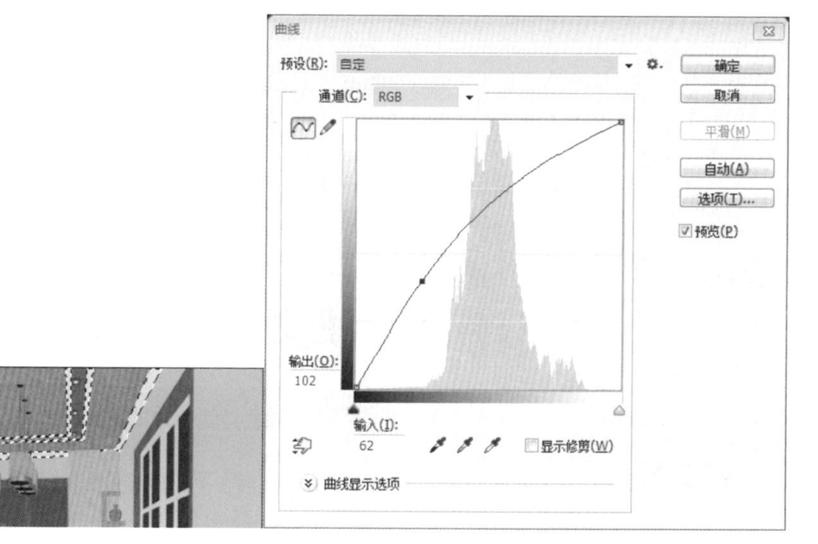

图 4-1-20　收口线选区　　　　图 4-1-21　调整曲线设置

步骤 11：按照步骤 3 的方法选择绿植区域，复制出图层 9，选区如图 4-1-22 所示；按下“Ctrl+B”组合键调整色彩平衡，如图 4-1-23 所示。

图 4-1-22　选择绿植

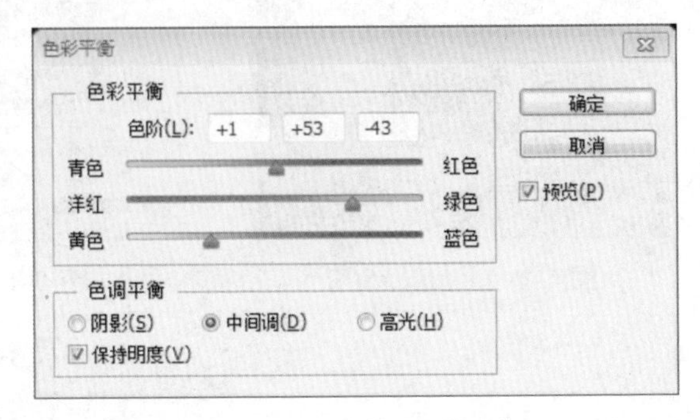

图 4-1-23　调整“色彩平衡”

步骤 12：隐藏图层 1，按“Ctrl+shift+alt+E”组合键盖印图层，并对图层进行曲线调整，调整图像的整体效果，设置如图 4-1-24 所示，完成最终效果。

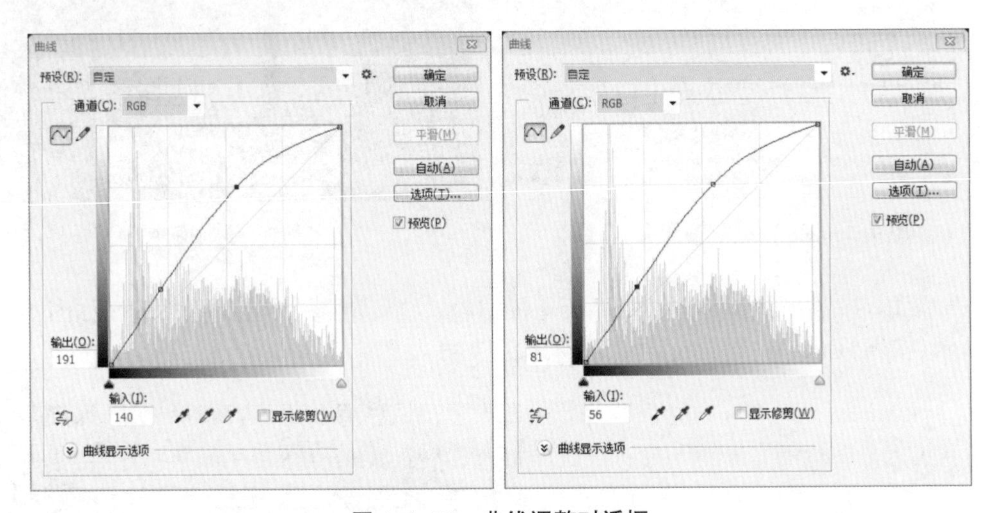

图 4-1-24　曲线调整对话框

任务 2　室外效果图的后期处理

一　任务目标

利用增加场景、调节色相/饱和度、色调、亮度等工具来进行效果图的处理。原图见

图 4-2-1,最终效果图如图 4-2-2 所示。

图 4-2-1　素材图

图 4-2-2　效果图

二 任务实施

步骤 1:打开素材文件“别墅. tga”和“别墅 1. tga”。选择移动工具,按住“Shift”键,将“别墅 1. tga”中的通道图层拖动到“别墅. tga”图像窗口中,产生一个新图层,命名为“选区”,关闭“别墅 1. tga”图像窗口;选择“选区”图层,切换到“通道”面板,按住“Ctrl”键单击“Alpha 1”通道,载入选区,再回到图层面板,反选选区,按“Delete”删除多余部分。效果如图 4-2-3 所示。

图 4-2-3　拖入别墅 1. tga

步骤 2:隐藏“选区”层,复制一个背景层,命名为“建筑”,打开其“通道”面板,按住“Ctrl”键单击“Alpha 1”通道,载入选区,再回到“图层”面板,反选,按删除键,将建筑以外的白色删除,效果如图 4-2-4 所示。为“背景”层填充为白色,效果如图 4-2-5 所示。

图 4-2-4　**删除背景**

图 4-2-5　**填充背景图层**

步骤 3:调整画布大小如图 4-2-6 所示,并对“背景”层再次填充;将“建筑”层和“选区”层建立链接,并向下和向左适当移动,到合适的位置,如图 4-2-7 所示。撤销图层的链接关系。

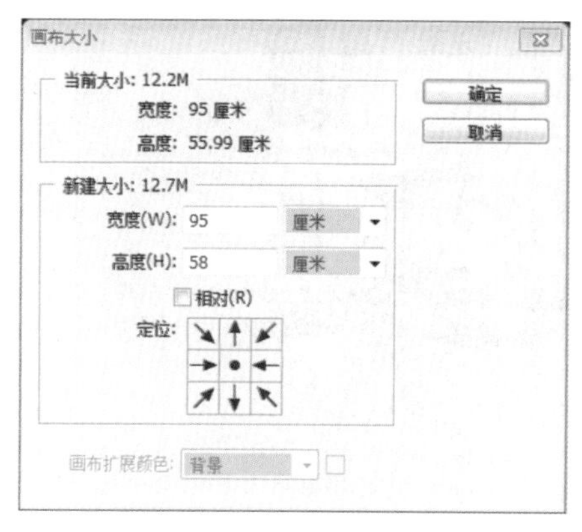

图 4-2-6　调整画布大小

图 4-2-7　移到合适位置

步骤 4:选择“建筑”图层,进行亮度/对比度的调整,如图 4-2-8 所示;按“Ctrl+B”组合键进行如图 4-2-9、图 4-2-10 所示的调整,效果如图 4-2-11 所示。

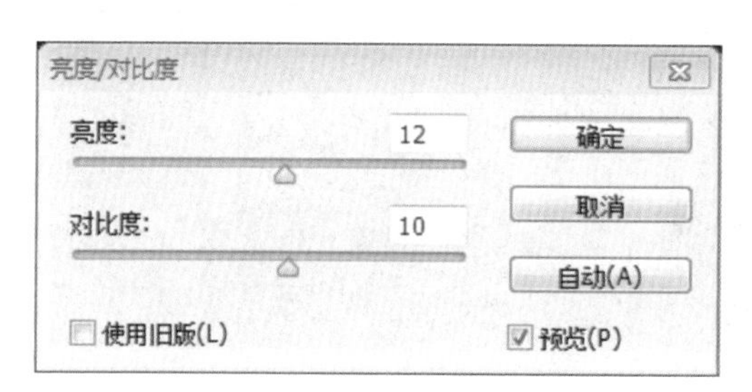

图 4-2-8　调整“亮度/对比度”

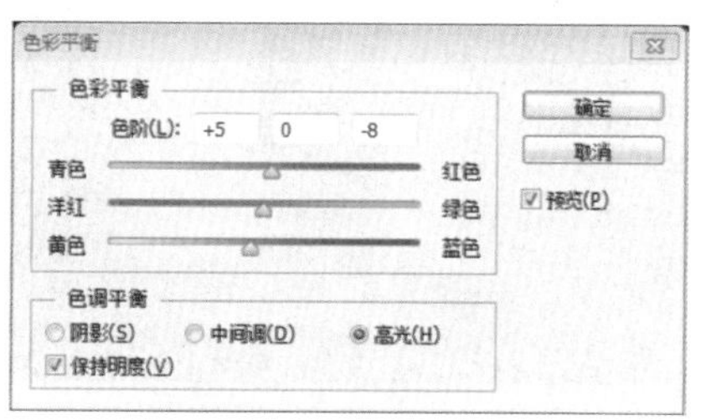

图 4-2-9　调整高光

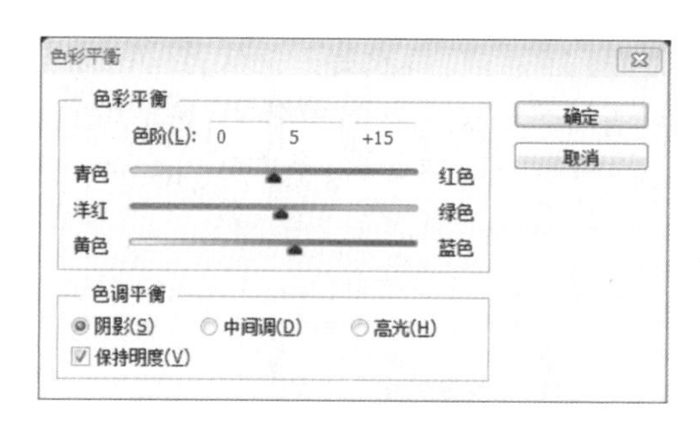

图 4-2-10　调整阴影

图 4-2-11　调整后效果

步骤 5:显示“选区”层,用魔术棒工具选择砖墙体(红色部分),点击右键,选择“选取相似”命令,选择所有的砖墙体,隐藏“选区”层,选择“建筑”层,选择“矩形选择”工具,按住“Alt”键,将侧面的墙体部分减去,创建后的选区如图 4-2-12 所示。在“通道”面板中,将选区存储为“Alpha 2”通道,保留选区,填充从上到下的黑/白线性渐变,效果如图 4-2-13 所示。

图 4-2-12　砖墙选区

图 4-2-13　砖墙选区 Alpha 2 通道

步骤 6：取消选区，按住“Ctrl”键，单击“Alpha 2”通道，再次载入选区，反选；回到“图层”面板，选择“建筑”图层按下“Ctrl+H”组合键隐藏选区，便于观察效果；按下“Ctrl+ U”组合键调整色相/饱和度，如图 4-2-14 所示，将砖墙的底部调暗。按下“Ctrl+H”组合键显示选区，取消选区，效果如图 4-2-15 所示。

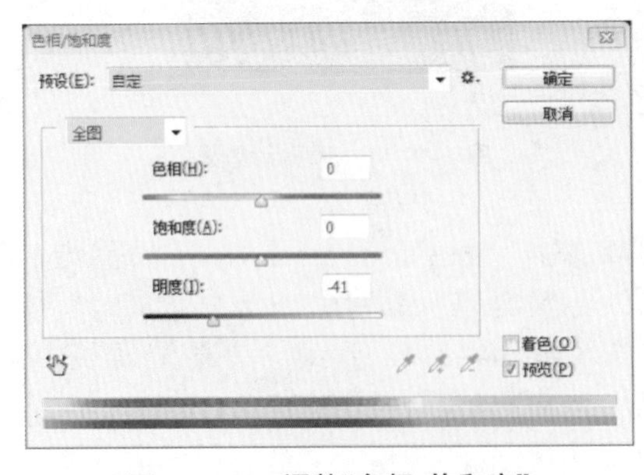

图 4-2-14　调整“色相/饱和度”

图 4-2-15　“砖墙”效果图

步骤 7：在“选区”层中选择所有的玻璃(绿色部分)，隐藏“选区”层，选择“建筑”层，

按下“Ctrl+J”组合键将选择的玻璃复制一层，改名为“玻璃”。选择“玻璃”层，按下“Ctrl+M”组合键调整曲线，如图 4-2-16 所示，效果如图 4-2-17 所示。

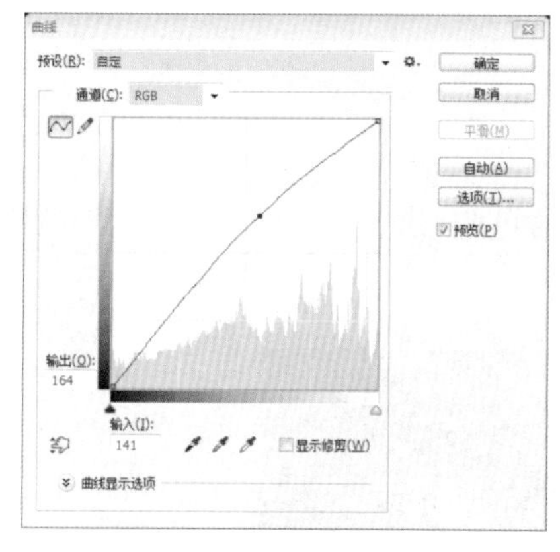

图 4-2-16 调整“曲线”

图 4-2-17 “玻璃”效果后

步骤 8：分别导入素材“天空. psd”和“草地. psd”，并将其拖进刚才的“别墅”文件中，调整好图层位置和图片的位置，关闭“天空. psd”和“草地. psd”，效果如图 4-2-18 所示。

图 4-2-18 加入天空和草地效果图

步骤 9：按照步骤 8 的方法，分别将“远景 4. psd”“远景 5. psd”“中景 4. psd”“伞. psd”“灌木 04. psd”“花草 2. psd”“花草 3. psd”“近景 3. psd” “近景 4. psd”“鸟 03. psd”“鸟 04. psd”“多人 02. psd”等素材打开并拖入场景中，调整大小并放置到合适的位置，完成最终效果。

三 课外拓展

拓展任务1——鸟瞰效果图

【拓展目标】 掌握建筑效果图的后期处理技巧。

【知识要点】 主要使用选择工具,并调整图像的色相/饱和度、亮度/对比度、色阶等,素材见图4-2-19,最终效果如图4-2-20所示。

图4-2-19 素材图

图4-2-20 效果图

拓展任务2——卧室装修效果图

【拓展目标】 掌握室内效果图的后期处理技巧。

【知识要点】 主要使用选择工具，并调整图像的色相/饱和度、亮度/对比度、色阶等，原始图见图 4-2-21，最终效果如图 4-2-22 所示。

图 4-2-21　素材图

图 4-2-22　效果图

实训五
海报设计

任务1 制作首饰广告

一 任务目标

使用图层样式命令为图像添加投影效果;使用羽化命令制作图像的模糊效果;使用图层混合模式命令制作图像的叠加效果;使用圆角矩形工具和高斯模糊命令制作戒指投影效果;使用自定形状工具绘制装饰花形;使用钢笔工具制作叶子效果;使用旋转扭曲命令为文字笔画制作扭曲效果。

素材见图 5-1-1,图 5-1-2,效果如图 5-1-3 所示。

图 5-1-1　素材 1

图 5-1-2　素材 2

图 5-1-3　效果图

二　任务实施

（一）制作背景效果

步骤 1：按“Ctrl+N”组合键，新建一个文件：宽度为 21 厘米，高度为 29.7 厘米，分辨率为 200 像素/英寸，颜色模式为 RGB，背景内容为白色，设置完成后单击“确定”按钮。

步骤 2：选择“渐变”工具，单击属性栏中的“编辑渐变”按钮，弹出“渐变编辑器”对话框，将渐变色设为从暗紫色（R=64、G=20、B=117）到深红色（R=120、G=24、B=97），如图 5-1-4 所示，完成后单击“确定”按钮。选中属性栏中的“线性渐变”按钮，按住“Shift”键的同时，在图像窗口中从上至下拖曳渐变色，效果如图 5-1-5 所示。

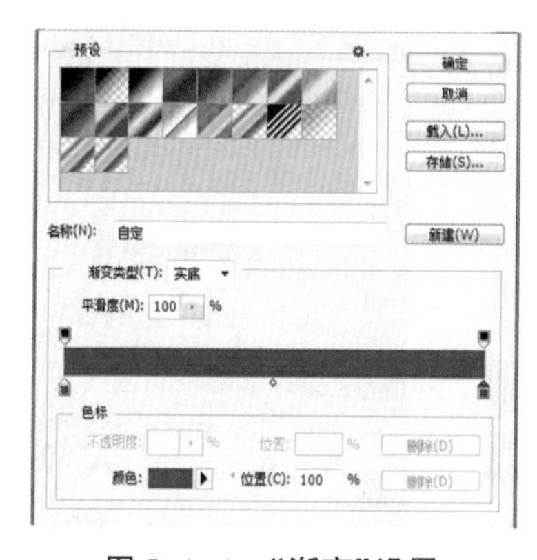

图 5-1-4　“渐变”设置

图 5-1-5　渐变效果

步骤3:单击“图层”控制面板下方的“创建新图层”按钮，生成新的图层并将其命名为“形状”。将前景色设为紫色(R=135、G=80、B=146)。选择“钢笔”工具，选中属性栏中的“路径”按钮，在图像窗口中绘制路径，如图5-1-6所示。

步骤4:选择“路径选择”工具，选取路径，单击鼠标右键，在弹出的菜单中选择“填充路径”命令，在弹出的对话框中进行设置，如图5-1-7所示，单击“确定”按钮，隐藏路径后，效果如图5-1-8所示。

图5-1-6　绘制路径

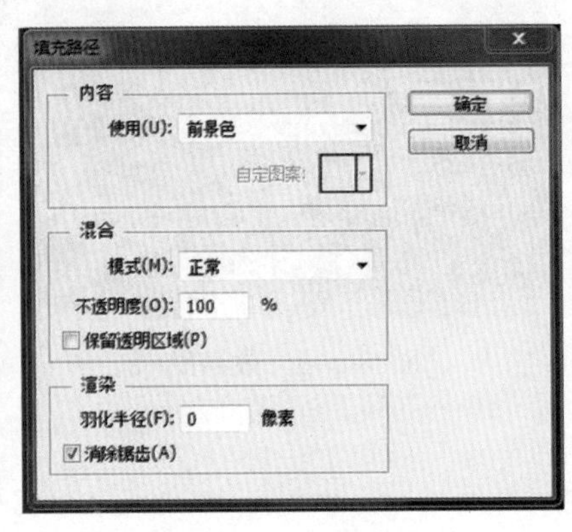

图5-1-7　填充路径

图5-1-8　填充后效果

步骤5:单击“图层”控制面板下方的“添加图层样式”按钮，在弹出的菜单中选择“投影”命令，弹出对话框，进行设置，单击“确定”按钮，效果如图5-1-9所示。

步骤6:单击“图层”控制面板下方的“创建新图层”按钮，生成新的图层并将其命名为“圆形模糊1”。将前景色设为浅红色(R=255、G=72、B=154)。选择“椭圆选框”工具，按住“Shift”键的同时，在图像窗口中绘制圆形选区，效果如图5-1-10所示。按“Alt+Delete”组合键，用前景色填充选区，按“Ctrl+D”组合键，取消选区。

图5-1-9　“投影”效果

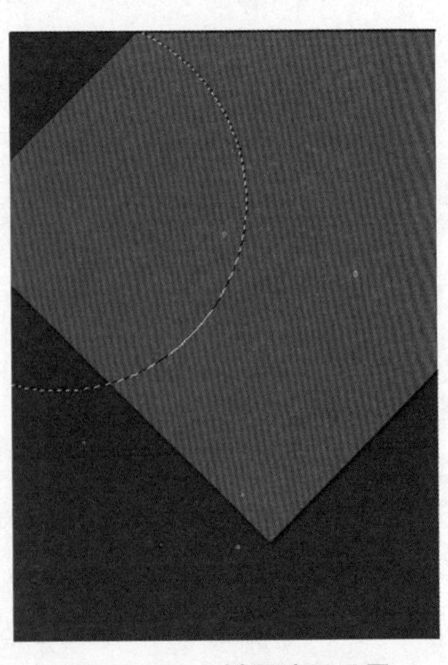

图5-1-10　椭圆选区设置

步骤 7:选择“滤镜→模糊→高斯模糊”命令,弹出对话框,进行设置,如图 5-1-11 所示,单击“确定”按钮。在“圆形模糊 1”图层上单击鼠标右键,在弹出的菜单中选择“创建剪贴蒙版”命令。

步骤 8:单击“图层”控制面板下方的“创建新图层”按钮 ,生成新的图层并将其命名为“圆形模糊 2”。将前景色设为黄色(R=246、G=214、B=185)。选择“椭圆选框”工具 ,拖曳鼠标绘制椭圆形选区,效果如图 5-1-12 所示。

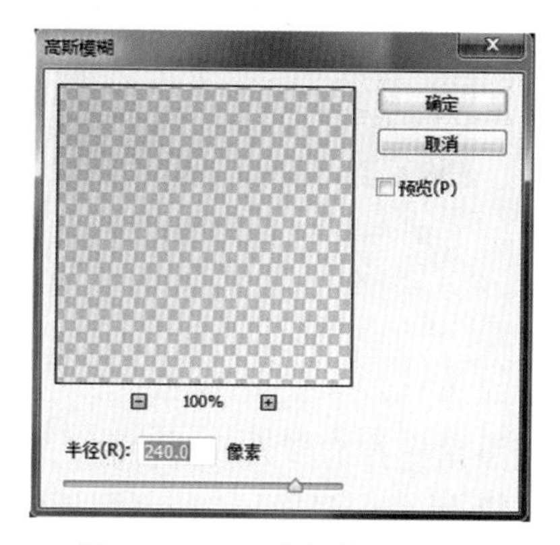

图 5-1-11 “高斯模糊”设置

图 5-1-12 绘制椭圆选框

步骤 9:选择“选择→修改→羽化”命令,弹出“羽化选区”对话框,设置羽化半径:150 像素,如图 5-1-13 所示,单击“确定”按钮。按“Alt+Delete”组合键,用前景色填充选区,按“Ctrl+D”组合键,取消选区。在“圆形模糊 2”图层上单击鼠标右键,在弹出的菜单中选择“创建剪贴蒙版”命令,效果如图 5-1-14 所示。

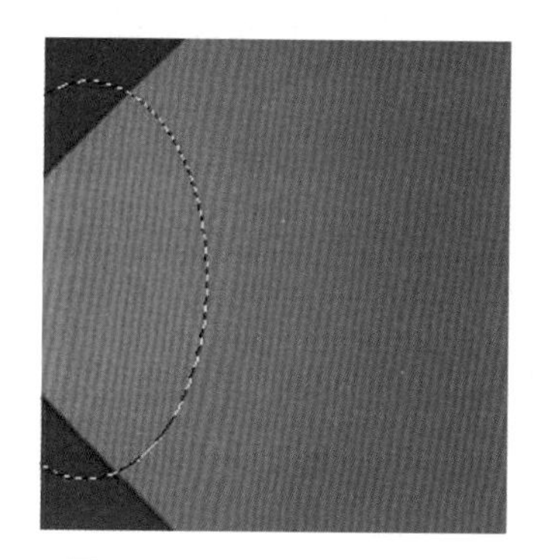

图 5-1-13 羽化椭圆选框

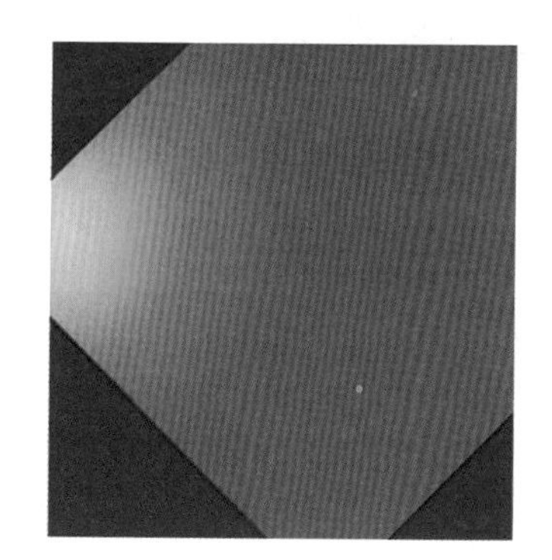

图 5-1-14 “创建剪贴蒙版”效果

步骤 10:用相同的方法再制作出红色(R=255、G=48、B=125)模糊图形和黄色(R=246、G=214、B=185)模糊图形,“图层”控制面板中如图 5-1-15 所示,图像效果如图 5-1-16 所示。

图 5-1-15　图层设置

图 5-1-16　设置后效果

(二)添加图片

步骤 1:按"Ctrl+O"组合键,打开"素材图→制作首饰广告→01"文件,将人物图片拖曳到图像窗口中的中心位置,效果如图 5-1-17 所示,在"图层"控制面板中生成新的图层并将其命名为"人物"。

步骤 2:在"图层"控制面板上方,将"人物"图层的混合模式选项设为"叠加""不透明度"选项设为 20%。按"Ctrl+Alt+G"组合键,创建剪贴蒙版,效果如图 5-1-18 所示。

图 5-1-17　人物图层效果

图 5-1-18　创建剪贴蒙版效果

步骤 3:单击控制面板下方的"添加图层蒙版"按钮,为"人物"图层添加蒙版。选择"渐变"工具,单击属性栏中的"编辑渐变"按钮,弹出"渐变编辑器"对话框,将渐变色设为从黑色到白色,单击"确定"按钮。按住"Shift"键的同时,在图像窗口中从上至下拖曳渐变色,效果如图 5-1-19 所示。

步骤 4:按"Ctrl+O"组合键,打开光盘中的"素材图→素材→制作首饰广告→02"文件,将戒指图片拖曳到图像窗口中的适当位置,效果如图 5-1-20 所示,在"图层"控制面板中生成新的图层并将其命名为"戒指"。

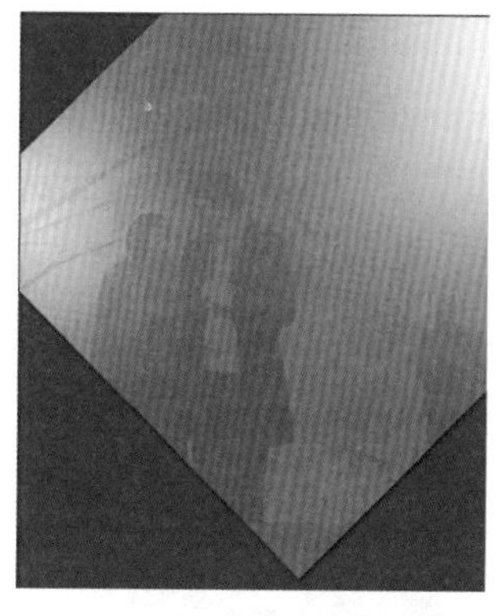

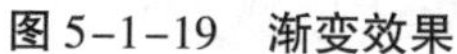

图 5-1-19　渐变效果

图 5-1-20　新建戒指图层

步骤 5：单击“图层”控制面板下方的“创建新图层”按钮 ，生成新的图层并将其命名为“投影”。将前景色设为黑色。选择“圆角矩形”工具 ，选中属性栏中的“填充像素”按钮 ，设置“圆角半径”为 35 px，拖曳鼠标绘制圆角矩形，并旋转适当的角度，按“Enter”键，确定操作，效果如图 5-1-21 所示。

图 5-1-21　圆角矩形设置

步骤 6：选择“滤镜→模糊→高斯模糊”命令，弹出对话框，进行设置，如图 5-1-22 所示，单击“确定”按钮。在“图层”控制面板中，将“投影”图层拖曳到“戒指”图层的下方，效果如图 5-1-23 所示。

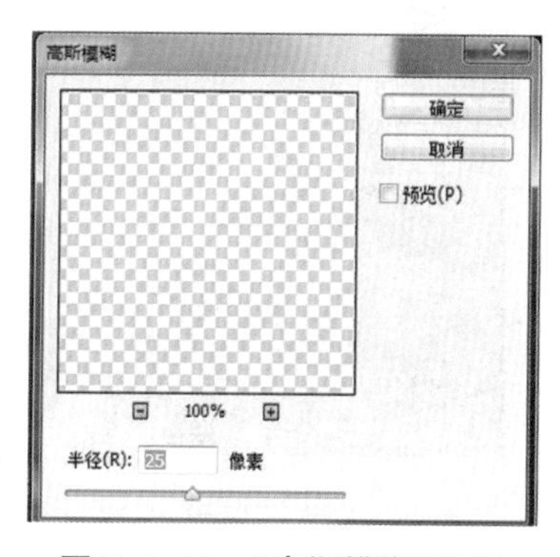

图 5-1-22　“高斯模糊”设置

图 5-1-23　调整后效果

步骤7:将“戒指”图层拖曳到控制面板下方的“创建新图层”按钮 上进行复制,生成新图层“戒指副本”,将复制出的副本图形拖曳到适当的位置,调整其大小并旋转适当的角度,图像效果如图5-1-24所示。

步骤8:将“投影”图层拖曳到控制面板下方的“创建新图层”按钮 上进行复制,生成新图层“投影副本”,将复制出的副本图形拖曳到适当的位置,调整其大小并旋转适当的角度,图像效果如图5-1-25所示。

图5-1-24　新建戒指副本

图5-1-25　投影效果

(三) 制作装饰图形

步骤1:选中“戒指副本”图层,单击“图层”控制面板下方的“创建新图层”按钮 ,生成新的图层并将其命名为“花”。将前景色设为白色。选择“自定形状”工具 ,单击属性栏中的“形状”选项,弹出“形状”面板,单击右上方的按钮 ,在弹出的菜单中选择“全部”选项,弹出提示对话框,单击“追加”按钮。在“形状”面板中选中“花1”图形,如图5-1-26所示。选中属性栏中的“填充像素”按钮 ,拖曳鼠标绘制多个图形,效果如图5-1-27所示。

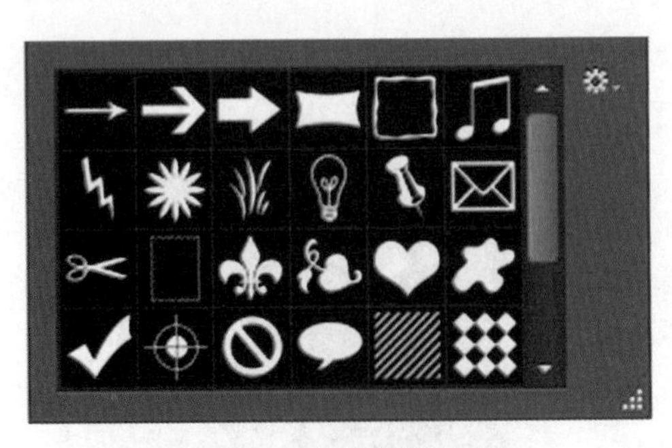

图5-1-26　选择“形状”

图5-1-27　绘制图形

步骤2:单击“花”图层左边的眼睛图标，隐藏该图层。单击“图层”控制面板下方的“创建新图层”按钮，生成新的图层并将其命名为“叶子”。将前景色设为绿色(R=54、G=106、B=52)。选择“钢笔”工具，在图像窗口中绘制路径，如图5-1-28所示。

步骤3:按“Ctrl+Enter”组合键，路径转化为选区，按“Alt+Delete”组合键，用前景色填充选区，按“Ctrl+D”组合键，取消选区。再次单击“花”图层左边的眼睛图标，显示该图层，效果如图5-1-29所示。

图5-1-28　绘制路径

图5-1-29　路径效果

步骤4:单击“图层”控制面板下方的“添加图层样式”按钮，在弹出的菜单中选择“内发光”命令，弹出对话框，“设置发光颜色”为深绿色(R=0、G=51、B=0)，其他选项的设置如图5-1-30所示，单击“确定”按钮，效果如图5-1-31所示。

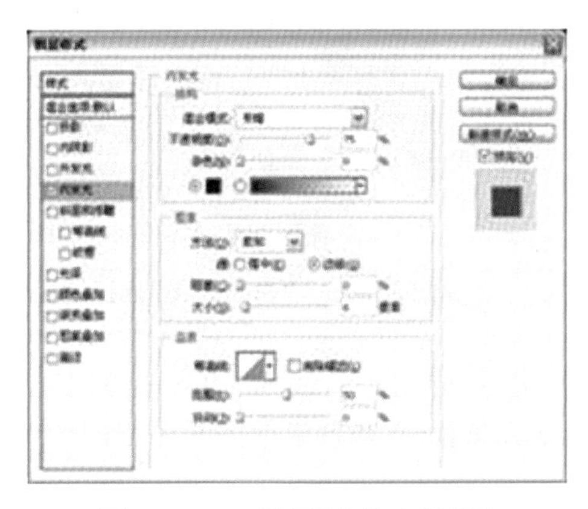

图5-1-30　图层“内发光”设置

图5-1-31　内发光效果

（四）添加广告语

步骤1:按“Ctrl+O”组合键，打开“素材图→素材→制作首饰广告→03”文件，将文字拖曳到图像窗口中的适当位置，效果如图5-1-32所示，在“图层”控制面板中生成新的图层并将其命名为“文字”。

步骤2:选择“横排文字”工具，在属性栏中选择合适的字体并设置大小，输入需要的白色文字，并适当的调整文字间距，如图 5-1-33 所示，在“图层”控制面板中生成新的文字图层。

图 5-1-32　新建文字图层

图 5-1-33　调整文字图层

步骤 3：在“永恒”文字层上单击鼠标右键，在弹出的菜单中选择“栅格化文字”命令，将文字图层转换为图像图层。

步骤 4：选择“矩形选框”工具，选中属性栏中的“添加到选区”按钮，在图像窗口中拖曳鼠标绘制选区，如图 5-1-34 所示。按“Delete”键，删除选区中的图像，按“Ctrl+D”组合键，取消选区。选择“套索”工具，在图像窗口中拖曳鼠标绘制不规则选区，如图 5-1-35 所示。

图 5-1-34　矩形选框设置

图 5-1-35　“套索工具”选择选区

步骤 5：选择“滤镜→扭曲→旋转扭曲”命令，弹出对话框，进行设置，如图 5-1-36 所示，单击“确定”按钮，按“Ctrl+D”组合键，取消选区，文字效果如图 5-1-37 所示。

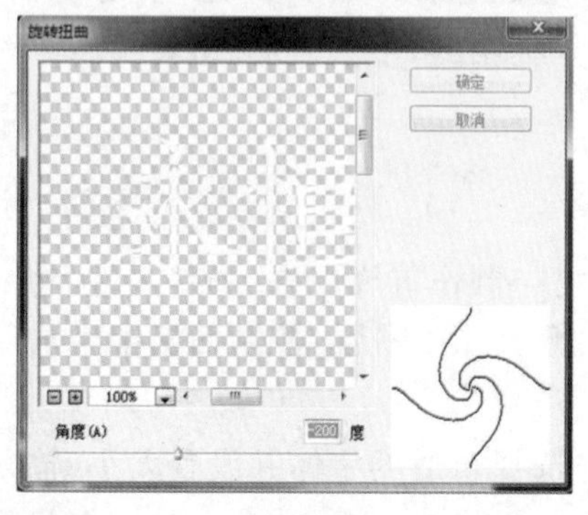

图 5-1-36　“旋转扭曲”滤镜设置

图 5-1-37　“旋转扭曲”效果

步骤6：选择“钢笔”工具，在图像窗口中绘制路径，如图5-1-38所示。按“Ctrl+Enter”组合键，路径转化为选区，用白色填充选区，取消选区，效果如图5-1-39所示。

图5-1-38　绘制路径

图5-1-39　填充路径效果

步骤7：选择“横排文字”工具，在属性栏中选择合适的字体并设置大小，输入需要的白色文字，并适当的调整文字间距，如图5-1-40所示，在“图层”控制面板中生成新的文字图层。

步骤8：在“经典”文字层上单击鼠标右键，在弹出的菜单中选择“栅格化文字”命令，将文字图层转换为图像图层。选择“套索”工具，在图像窗口中“经”字部分区域拖曳鼠标绘制不规则选区，如图5-1-41所示，按“Delete”键，删除选区中的内容，按“Ctrl+D”组合键，取消选区。

图5-1-40　“套索”选取选区

图5-1-41　删除选区后效果

步骤9：选择“钢笔”工具，在图像窗口中绘制路径，如图5-1-42所示。按“Ctrl+Enter”组合键，路径转化为选区，用白色填充选区，取消选区，效果如图5-1-43所示。

图5-1-42　绘制路径

图5-1-43　填充选区效果

步骤 10:选择“横排文字”工具 T,在属性栏中选择合适的字体并设置大小,输入需要的白色文字,如图 5-1-44 所示,在“图层”控制面板中生成新的文字图层。首饰广告效果制作完成。

图 5-1-44　输入文字效果

任务 2　文艺部纳新海报

一　任务目标

制作文艺部纳新海报,主要用到移动工具、自由变换、描边、渐变叠加、颜色填充等,同时还熟练了图层以及文字工具的使用。

素材见图 5-2-1,图 5-2-2 等因部分素材是透明,无法显示,在此不一一列举,操作时见素材图库素材),效果图如图 5-2-3 所示。

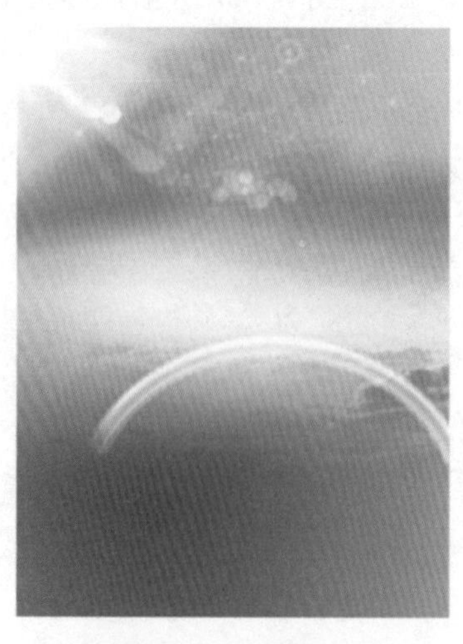
图 5-2-1　素材一

图 5-2-2　素材二

图 5-2-3　效果图

二　任务实施

步骤 1:按“Ctrl+N”组合键,新建一个文件:737 * 1049 像素,分辨率为 100 像素/英寸,颜色模式为 RGB,背景内容为白色,单击“确定”按钮。名称设置为“文艺部纳新海报”。

步骤 2:打开素材图中“彩虹底图”,并移动到“文艺部纳新海报”中,作为图层 1。

步骤 3:打开横排文字工具,输入“文艺部”, 字体为“Pop2EG”,字号 150 点,用 fx. 中描边和渐变叠加对其进行设置,如图 5-2-4 和图 5-2-5 所示。

图 5-2-4 “描边”设置

图 5-2-5 “渐变叠加”设置

步骤 4：打开素材图中“云彩”，并用移动工具移入海报中，“Ctrl+T”组合键缩小并微调，如图 5-2-6 所示。

步骤 5：打开素材图中“小提琴”，并用移动工具移入海报中，“Ctrl+T”组合键缩小并

微调，作为图层 3，如图 5-2-7 所示，打开“图层→图层蒙版”，注意前景色为“黑色”，然后用画笔在小提琴和白云接合处涂抹，如图 5-2-8 所示。

图 5-2-6　加入云彩

图 5-2-7　加入小提琴

图 5-2-8　画笔涂抹

步骤 6：打开素材图中“人物”，并用移动工具移入海报中，作为图层 4，“Ctrl+T”组合键缩小并微调。如图 5-2-9 所示。

步骤 7：打开素材图中“气泡”，并用移动工具移入海报中，作为图层 5，“Ctrl+T”组合键缩小并微调，如图 5-2-10 所示。

步骤 8：新建图层 6，用椭圆选框工具，按住“Shift”键画出两个圆形，设置前景色为橙色，按“Alt+Delete”组合键填充为橙色，然后用黑色进行外部描边，如图 5-2-11 所示。

图 5-2-9　加入人物

图 5-2-10　加入气泡

图 5-2-11　画圆

步骤 9：打开素材图中“五线谱”，并用移动工具移入海报中，作为图层 7，“Ctrl+T”组合键缩小并微调，如图 5-2-12 所示。并复制图层 7，如图 5-2-13 所示。

图 5-2-12　加入五线谱

图 5-2-13　复制五线谱图层

步骤 10:打开横排文字工具,输入“欢迎新同学加入文艺部”, 设置字体、字号,用 fx 中描边和渐变叠加对其进行设置,如图 5-2-14 所示。

步骤 11:打开横排文字工具,输入“这里是我们熏陶艺术修养的殿堂! 这里是我们寻求快乐与梦想的殿堂! 让我们插上艺术的翅膀在文艺部一起飞翔!”, 设置字体、字号,如图 5-2-15 所示。

图 5-2-14　输入文字一

图 5-2-15　输入文字二

步骤 12：打开横排文字工具，输入“纳”和“ 新”，设置字体、字号，用 fx 中描边和渐变叠加对其进行设置，完成最终效果，如图 5-2-3。

三 举一反三

实训 1：利用自由变换命令将手提袋子添加图案。

素材见图 5-2-16，效果如图 5-2-17 所示。

图 5-2-16　素材图

图 5-2-17　效果图

四 课外拓展

拓展任务 1——兰花城地产海报

【拓展目标】 熟练使用移动工具、缩放工具以及钢笔工具，并掌握蒙版、文字、图层的灵活运用。

【知识要点】 使用移动、缩放、自由变换、图层蒙版、文字工具、描边等命令，素材见图 5-2-18，其他素材楼盘位置图网上下载最终效果如图 5-2-19 所示。

图 5-2-18　素材图

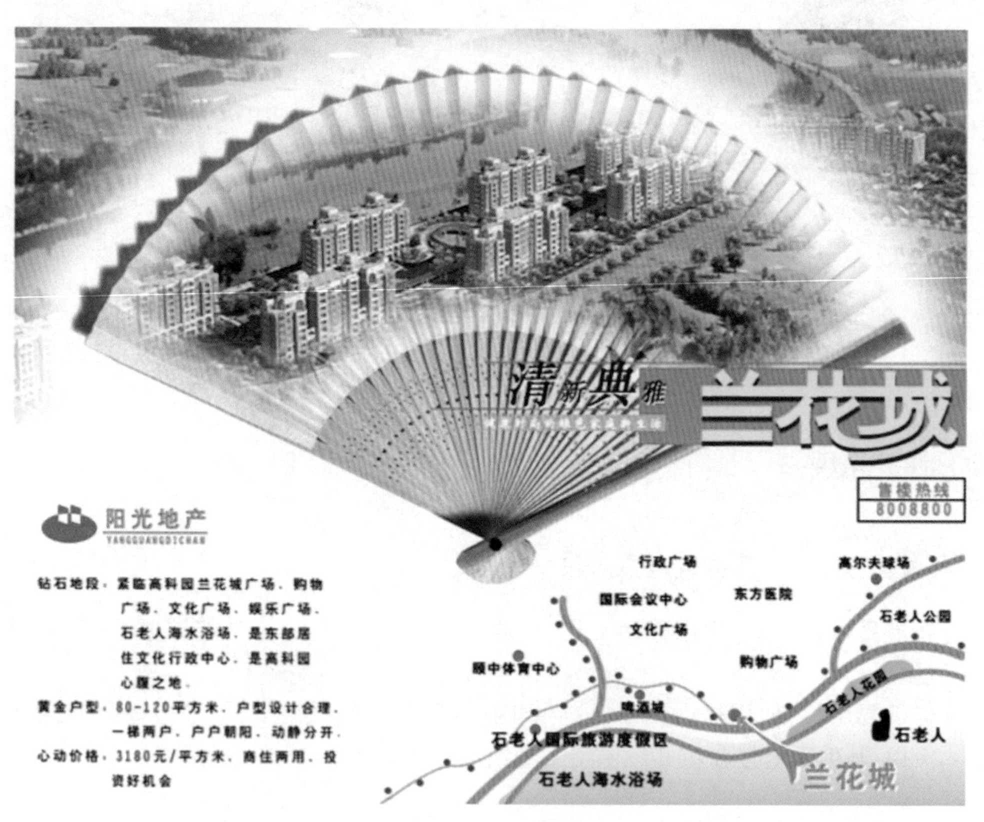

图 5-2-19　效果图

实训六

3D 动画实例

Photoshop 可以制作逼真的 3D 效果和简单的动画效果。

项目导读

Photoshop CC 可以通过 3D 面板制作逼真的 3D 效果,也可以通过动作面板及时间轴制作出简单的动画效果。

学习目标

1. 掌握 Photoshop CC 制作 3D 效果的技巧和方法。
2. 掌握 Photoshop CC 制作动画的技巧和方法。

任务1 制作 3D 彩球效果

一 任务目标

利用 3D 面板制作逼真的 3D 效果。最终效果如图 6-1-1 所示。

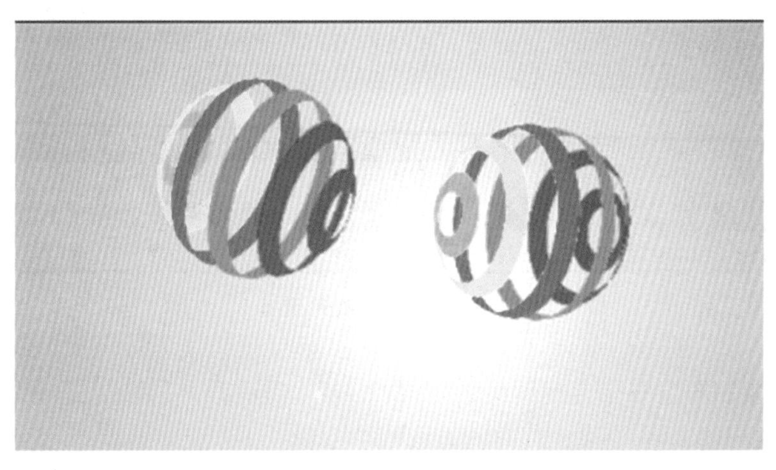

图 6-1-1 效果图

二 任务实施

步骤1:创建一个新文档,宽度600像素,高度340像素,并填充渐变颜色,如图6-1-2所示。

图6-1-2 创建新文档

步骤2:新建图层1,利用矩形选框工具绘制如下矩形选框并填充多种颜色,效果如图6-1-3所示。

图6-1-3 填充矩形齿框

步骤3:复制图层1,命名为图层2。如图6-1-4所示。

步骤 4：新建图层 3，填充黑色。把图层 3 放到图层 2 的下方。如图 6-1-5 所示。

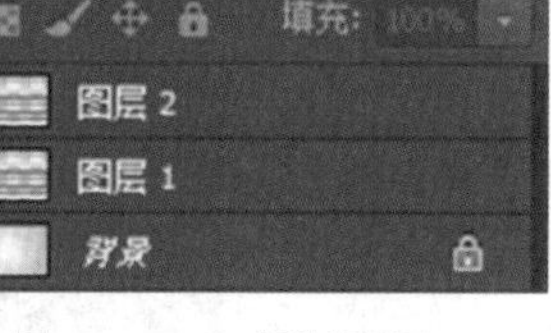

图 6-1-4　复制图层

图 6-1-5　图层放置后效果

步骤 5：按住 Ctrl 键，鼠标点击图层 2 选中彩色条纹，填充白色，如图 6-1-6 所示。

步骤 6：将该文件另存为 “纹理. psd”。

步骤 7：删掉图层 2 和图层 3，只剩下一个背景层和图层 1，如图 6-1-7 所示。

图 6-1-6　填充白色效果

图 6-1-7　删掉图层 2 和 3 效果

步骤 8：选择“3D→从图层新建网格→网格预设→球面全景”命令，效果如图 6-1-8 所示。

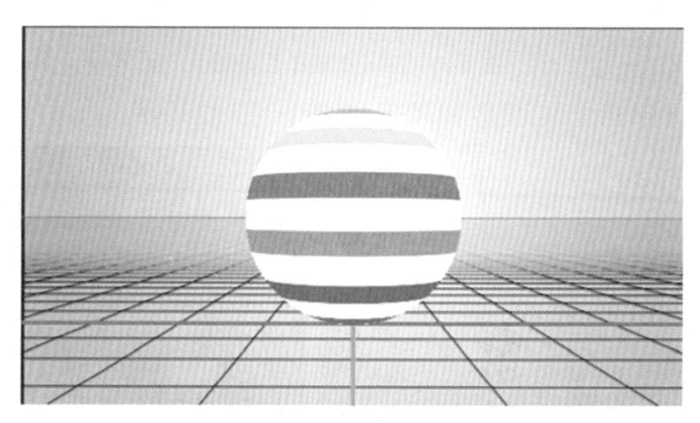

图 6-1-8　球面全景效果

步骤 9：打开 3D 面板，选中材质图标，在属性的不透明度处点击文件夹图标，载入纹理，选择刚才保存的“材质. psd”文件，如图 6-1-9 所示，最终效果如图 6-1-10 所示。

步骤 10：调整一下球体的一些属性设置，如图 6-1-11 所示。

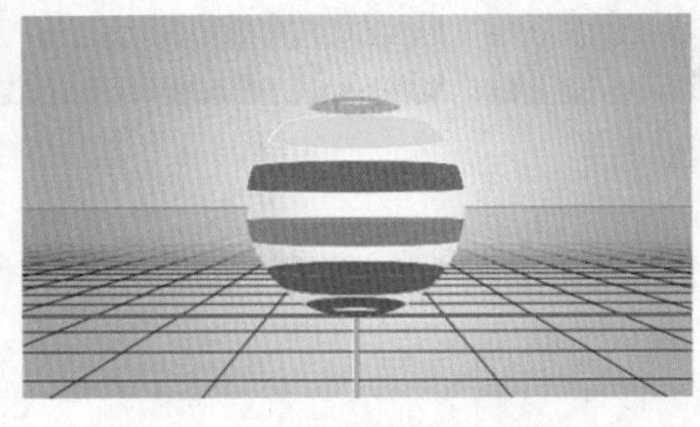

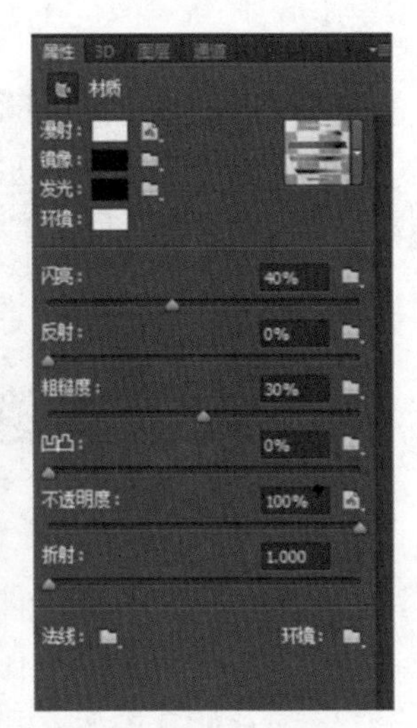

图6-1-9 “材质”设置　　图6-1-10 球面3D效果　　图6-1-11 属性设置

步骤11:在3D面板中选择光源,设置其属性,如图6-1-12所示。

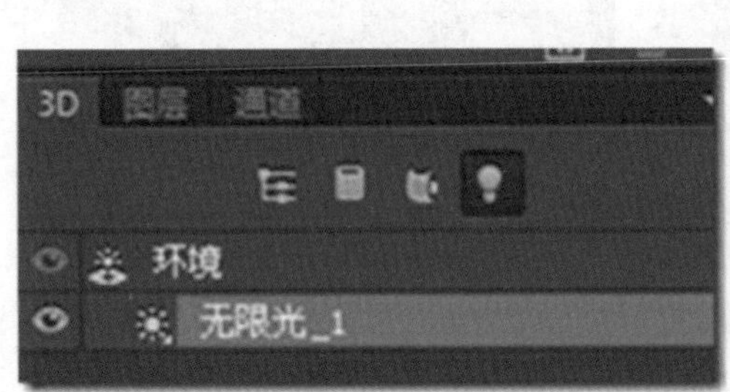

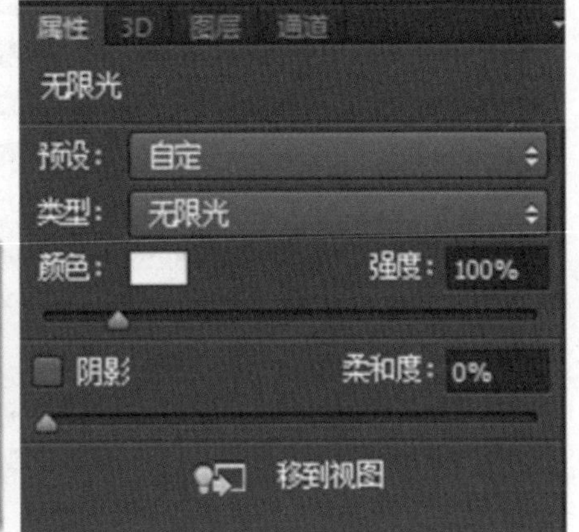

图6-1-12 光源属性设置

步骤12:新建无限光光源,设置其属性,如图6-1-13所示。

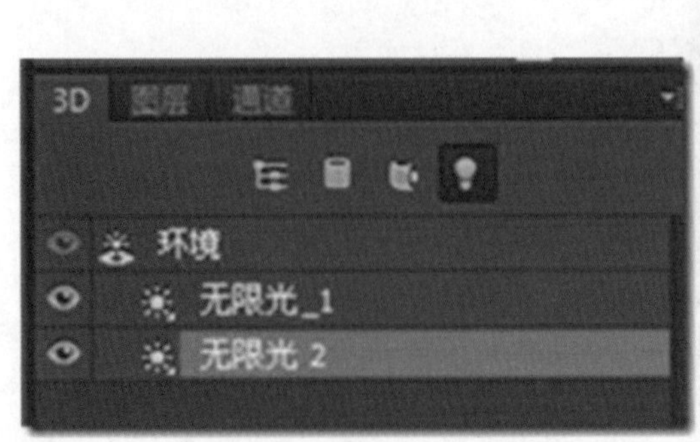

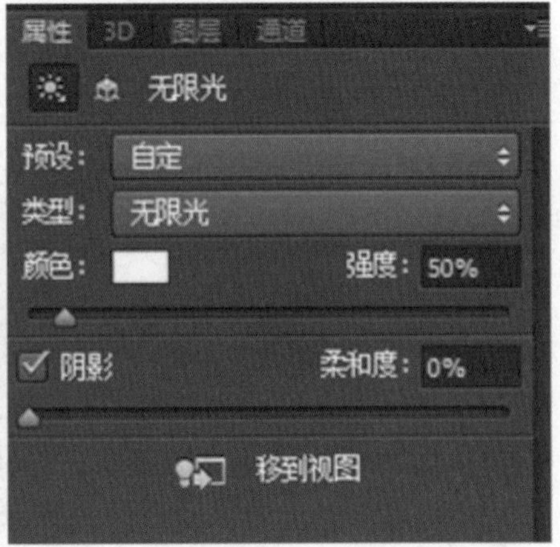

图6-1-13 无限光设置

步骤 13：选择 3D 面板中的场景，在场景属性面板中设置数据，如图 6-1-14 所示。

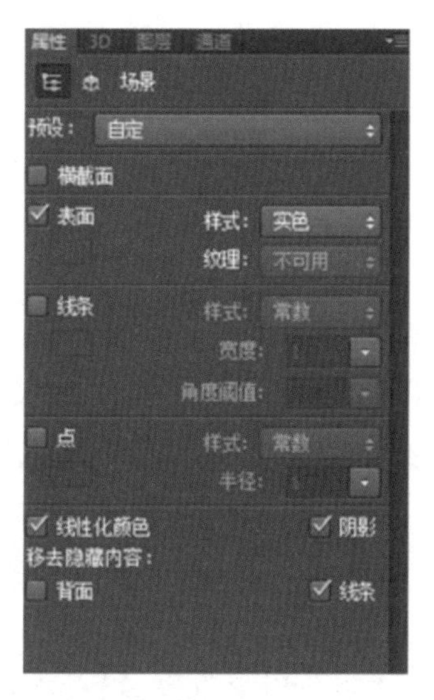

图 6-1-14　场景属性

步骤 14：复制 1 个出来改变大小和排布，完成最终效果。

任务 2　制作下雨效果

一　任务目标

利用动作时间轴面板、添加杂色、动感模糊滤镜等制作下雨动态效果。素材见图 6-2-1，效果如图 6-2-2 所示。

图 6-2-1　素材图

图 6-2-2　效果图

二 任务实施

步骤 1：打开素材文件“雨巷. jpg”，复制到图层 1，增加画布的宽度，并新建图层 2，填充背景色，如图 6-2-3 所示。

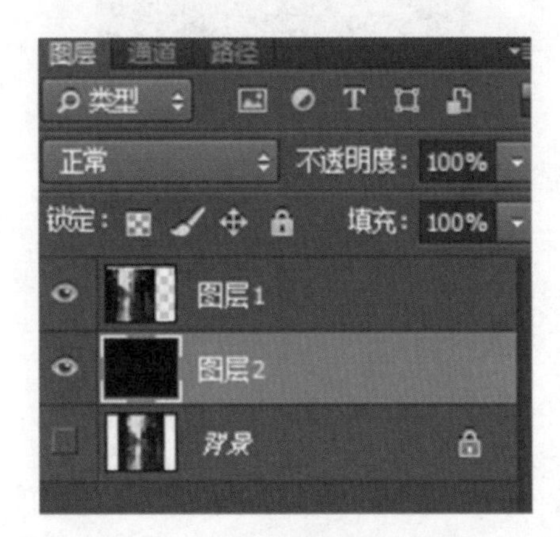

图 6-2-3　新建背景图层并填充

步骤 2：新建图层，分别输入文字“雨巷”“戴望舒”，并调整字体及字号、颜色等，效果如图 6-2-4 所示。

步骤 3：执行“窗口→动作”，打开动作面板，新建动作，命名为“下雨动作”，当最下方第二个动作为红色圆点时，开始进行动作的录制，如图 6-2-5 所示。

图 6-2-4　输入文字效果

图 6-2-5　录制下雨运作

步骤 4：回到图层面板，按住“Ctrl”键，单击图层 1 载入选区，新建图层，填充为黑色，效果如图 6-2-6 所示。

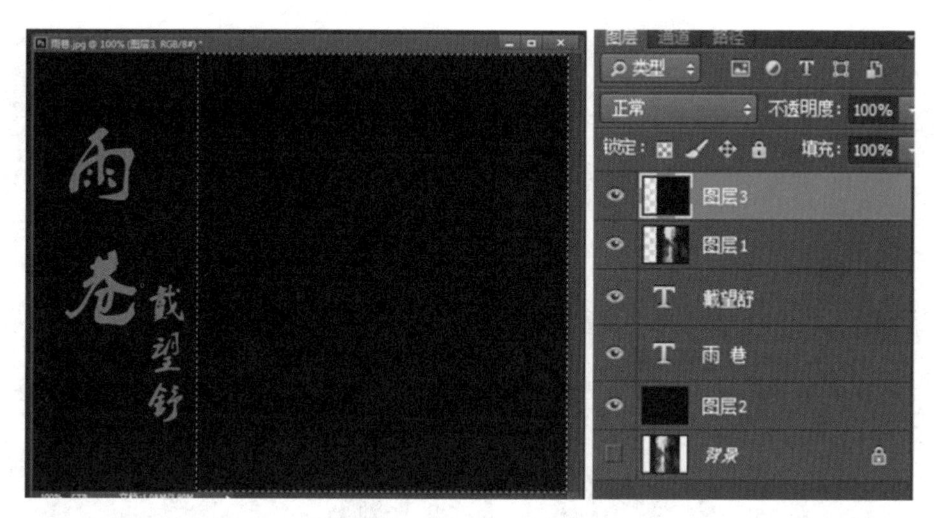

图 6-2-6　载入选区并新建图层

步骤 5:执行“滤镜→杂色→添加杂色”命令,参数设置如图 6-2-7 所示。
步骤 6:执行“滤镜→模糊→动感模糊”命令,设置参数如图 6-2-8 所示。

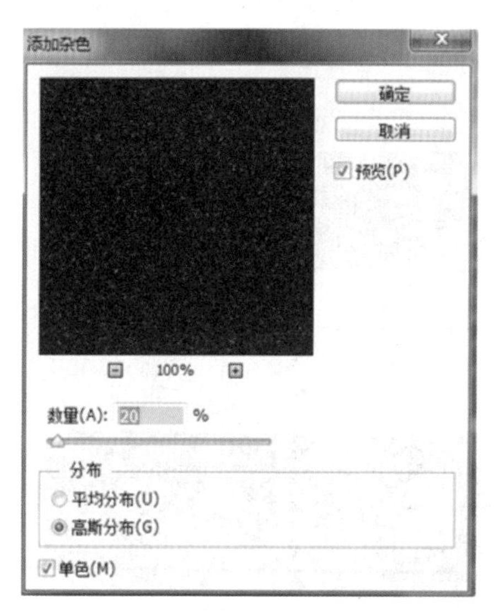

图 6-2-7　添加杂色

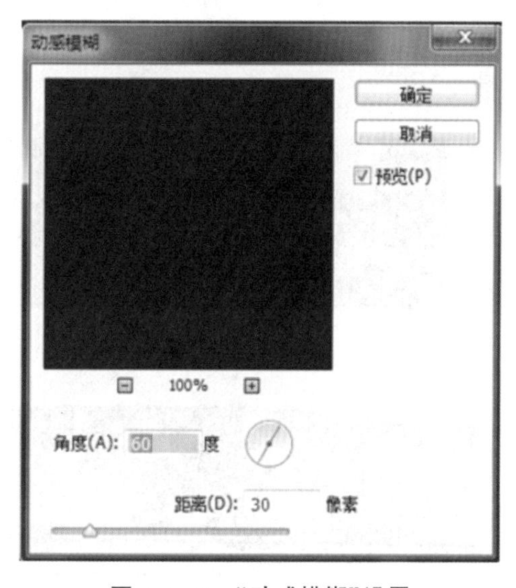

图 6-2-8　“动感模糊”设置

步骤 7:按下“Ctrl+D”组合键取消选区,将图层 3 的混合模式设置为滤色,效果如图 6-2-9 所示。
步骤 8:单击动作面板的第一个“停止/播放记录”按钮,停止动作录制。
步骤 9:连续播放两次“下雨动作”,得到图层 4、图层 5,效果如图 6-2-10 所示。

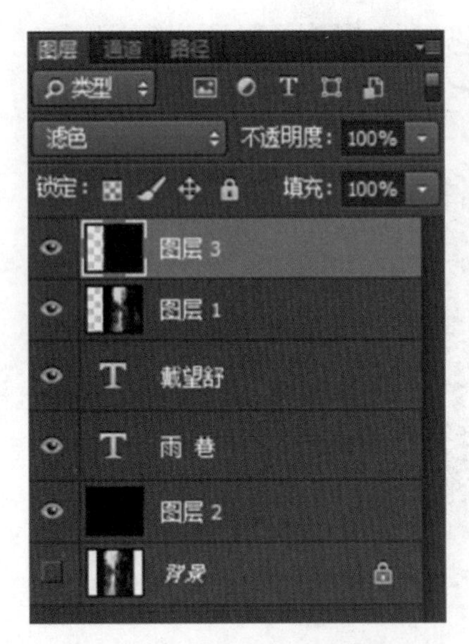

图 6-2-9　设置滤色混合模式

图 6-2-10　连续播放两次“下雨动作”

步骤 10：执行“窗口→时间轴”命令，打开“时间轴”面板，选择“创建帧动画”选项，如图 6-2-11 所示，并将第一帧延迟调为：0.07 秒，同时在图层面板隐藏图层 4 和图层 5，设置如图6-2-12 所示。

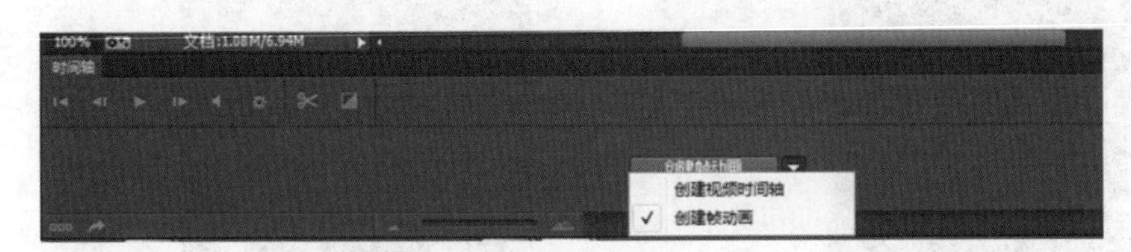

图 6-2-11　打开时间轴画板

图 6-2-12　设置第一帧

步骤 11：单击“复制所选帧”，同时隐藏图层 3 和图层 5，如图 6-2-13 所示。

图 6-2-13　复制所选帧效果

步骤 12：再次单击“复制所选帧”，同时隐藏图层 3 和图层 4，如图 6-2-14 所示。

图 6-2-14　再次复制所选帧效果

步骤 13：执行“文件→存储为 web 所用格式”命令，选择 GIF 格式，单击右下方的“存储”按钮，将制作的下雨效果动画输出保存，设置如图 6-2-15 所示，完成最终效果。

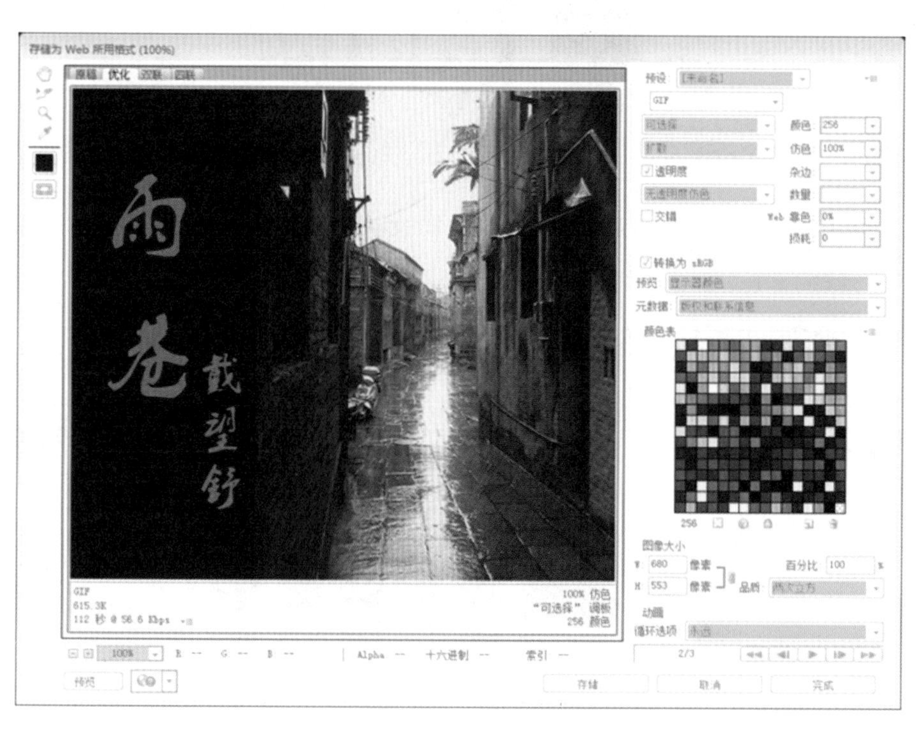

图 6-2-15　存储设置

拓展任务 1——制作 3D 文字

【拓展目标】 掌握利用 3D 面板制作逼真的 3D 效果的方法。

【知识要点】 主要使用文本工具、圆形工具、3D 面板等，最终效果如图 6-2-16 所示。

图 6-2-16　制作 3D 文字效果图

拓展任务 2——制作流动的彩色文字

【拓展目标】 掌握简单动画的制作技巧。

【知识要点】 主要文本工具、渐变填充、时间轴等，最终效果如图 6-2-17、图 6-2-18 所示。

图 6-2-17　效果 1

图 6-2-18　效果 2